健康寿命が延びる！
毎日がもっと楽しくなる！

安心
ペットライフ

わたしもペットも
ずっとしあわせでいるための知識と準備

藤野善孝
認定 NPO 法人ピーサポネット 理事長

同文舘出版

はじめに

50代・60代、これからの「わん・にゃんライフ」でしあわせになろう！

子ども中心の生活だったのが、ふと気づくと、子どもたちは社会へ船出してそれぞれの人生を歩んでいる。夫婦ふたりだけの生活に、生きがいとなるペットがほしい。

ずっと憧れていたペットとの生活。あっという間に60代になったけど、あきらめきれない思いがある。

シニアひとり暮らしになったら、ねこを迎えたいとずっと思っていた。でも、自分にもしものことがあったらどうしようと思って二

の足を踏んでばかり。
健康のためにいぬを飼いたいけれど、10年後も20年後もお世話できるだろうか。
ペットロスで心にぽっかり穴が空いたまま。思いきって新しい子を迎えたい。でも……。

本書では、「ペットたちと送る第2の人生」をおすすめしています。

リビングでくつろいでいると、「なでなでしてよ～」と、ひざの上にぴょんと飛び乗って来るにゃんこ。

仕事やプライベートのことで悩んで

いたら、「大丈夫？　元気出しなよ！」と言わんばかりに寄り添って癒してくれるわんこ。

こんな愛おしい経験をたくさんできるのが、ペットたちとの生活です。

しかし、「動物は好きだし、かわいいし、癒しをもらえる。けれど、自分の年齢と体力のことを考えたら、ちょっとやめておこうかな……」と思っている方がいるかもしれません。

たしかに、ペットも人間と同じ「命」ある動物です。

そして、ペットは飼い主がいないと、生きていくことができません。だから、飼い主としての「覚悟」と「責任」が必要になります。

ということは、飼い主に、この「覚悟」と「責任」がありさえすれば、ペットとの生活に向けて、一歩を踏み出すことができるのです。つまり、準備さえしっかりしておけば、しあわせなペットライフをかなえることができるのです。

本書では、年齢が気になる飼い主の「覚悟」と「責任」をさまざまな観点から考え、

備えていきます。
同時に、ペットとの生活がどれだけ楽しいのか、そしてペットからどんな素晴らしいプレゼントをもらえるのかということをお伝えしていきます。

もちろん、ペットとの生活は、楽しいことばかりではありません。つらいこと、我慢しないといけないこと、そして悲しいこともあります。しかし、それが事前にわかっていれば、安心してペットと暮らすことができると思いませんか。

Introduction

ぜひ最後まで読んでいただき、みなさんの楽しいペットライフを実現していただければ幸いです。

認定NPO法人ピーサポネット　理事長
藤野　善孝

もくじ

3章　ペットを迎える前に必ず備えておきたい知識

4章

わんことにゃんこのお金事情

5章

さあ！　ペットとのしあわせ充実ライフをはじめよう！

6章

「この子をひとりにしない」——もしものときの備えをする

カバー・本文デザイン　池田香奈子
イラスト　おおたきょうこ

1章

50代・60代でもあきらめない
ときめきと癒しのペットライフ

かなえたい！　ペットとのしあわせライフ

▼憧れのペットライフを手に入れよう

本書を手に取った方のなかには、**「本当はペットを飼いたいんだけど、自分の年齢を考えるとあきらめるしかないのかなぁ」**とか**「今は元気だけど、どんどん体力が落ちてペットのお世話ができなくなるんじゃないか」**など、いろいろなことを考えて、ペットとの生活をためらっている方もいるかもしれません。

たしかに、年齢を重ねてから新たにペットを迎えることには、さまざまな不安があるでしょう。しかし、そんな不安を抱えながらも、「できるならば、ペットを家族として迎えたい！」と心の奥底ではずっと思っているのではないでしょうか。

もしそうならば、**今思っている、その不安をすべて解決して、一歩前へ踏み出してみませんか？**

ペットを迎えるにあたって、不安に思っているということは、裏を返せば、**真剣にペットのことを考えている**ということになります。そんな方にこそ、ペットを新しい家族として迎え入れていただきたいと思います。

少し想像してみてください。仕事から疲れて帰ってくると、「おかえりなさい！」と、元気いっぱいに駆け寄ってくるわんこ。いつもはツンデレのくせに、寝るときになったら、布団のなかに、そぉ～っと入って来て添い寝するにゃんこ。そんな日常を想像すると、キュンとしませんか。

▼不安は解消していこう

もちろんペットと生活するということは、キュンとすることばかりではありません。毎日の散歩やご飯の準備、そしてトイレの後始末などなど、人間だけで生活していたら、そこまでしなくてよいことがたくさんあります。それに飼育について心配事も出てくるかもしれません。

しかし、それを大変だと感じないくらい、愛情あふれる充実した日々を過ごすことができるのです。

本書には、みなさんのさまざまな不安を解消するヒントをたくさん載せました。しっかり準備をすれば、安心なペットライフを送ることができます。ぜひ、ご自身の不安をひとつずつ解消し、ときめきのペットライフを実現させましょう。

ひとり暮らしだってさみしくない。帰ってきたら君がいる

▼ペットは家族

多種多様なライフスタイルが広がっている今、自分らしくひとり暮らしを謳歌している方も多いでしょう。

ひとり暮らしは、自分の時間とお金を自由に使うことができるという魅力はありますが、一方で、さみしさや孤独を感じてしまう瞬間があるのも事実です。そんな**さみしさや孤独を癒してくれるのがペットたち**です。

仕事でくたくたに疲れて帰ってきたら、健気に飼い主の帰りを待っていたペットたちが**「おかえり〜。待ってたよ」と言わんばかりにすり寄って来てくれます。**

この瞬間、仕事の疲れが一気に吹き飛ぶでしょう。

冠婚葬祭事業やペット葬儀事業等に取り組む株式会社サンセルモが行なった「ペットの家族化に関する意識調査」（２０２３年）では、ペットの存在が**「家族とまったく同等」**と答えた人が全体の32・2％、そして「家族が優先ではあるが、ほぼ同等」と答えた人が全体の40・7％という数字が出ています。この数字から、ペットを飼うと、その子たちが〝なくてはならない存在〟になっていることがわかります。

▼人生が豊かになるペットライフ

さらに、ペットとの暮らしは、**人とのつながりを新たに構築**してくれます。例えば、いぬの場合、毎日の散歩によって近所に「わん友」ができたり、職場でもペットを飼っている同僚との会話が弾んだりして、交友関係が広くなります。

もちろん、ペットとの暮らしは楽しいことばかりではありません。ご飯の準備、トイレのお世話、いぬだったら毎日の散歩、病気やケガなど、ペットのために費やす時間やお金が増えていきます。

しかし、ペットのお世話をすることが、自分の生活のなかで、張り合いや生きがいになって、楽しい人生を送れるかもしれません。

ぜひ、ペットを家族として迎えて、楽しいペットライフを送ってください。びっくりするほど、ご自身の人生が豊かになりますよ。

三重県　まるこ＆さくら

思わずパシャリ！
たくさんの写真を一緒に撮ろう

愛するペットと過ごす日々を、大切な思い出として写真に残しておきましょう。特に、こいぬ・こねこの時期から迎えたならば、たくさんの写真を撮りましょう。なぜかというと、こいぬ・こねこの時期はとても短くて、1歳になると、ほぼ大人と同じ体格になるからです。

もちろん大人になってもじゅうぶんかわいいですし、愛おしいのですが、**こいぬ・こねこ時代は別格で、何とも言えないかわいさ**を持っています。

写真を見ながら、「昔はこんなに小さかったなぁ」「こんな無防備な恰好して寝てたよね」など、昔の思い出に浸るのもよいものです。

また、最近ではSNSが普及してFacebookやInstagramにペットの写真をアップしている人がたくさんいます。どの写真を見てもとても心が和みます。

しかし、SNSにアップする写真だから仕方ないのかもしれませんが、飼い主と一緒に写っている写真が少ないように感じます。

飼い主が撮影しているので、ペットだけで写っている写真ばかりになるのは当然なのですが、将来ペットが虹の橋を渡り、思い出を振り返るとき、自分とペットが一緒に写っている写真がまったくないと、とてもさみしい気持ちになると思います。

ぜひ、友達や家族にお願いして、ペットと一緒の写真をたくさん残してください。

そして、その**写真に写っている自分の顔を確認してみてください。**

きっと**しあわせオーラいっぱいの最高の笑顔**になっているはずです。これが、愛情を注いだペットから飼い主へ送られる**最高のプレゼント**なのです。

できれば**思い出の写真を「カタチ」として残しておく**ことをおすすめします。スマホのなかにデジタルデータで保存しておいてもよいですが、大量のデジタルデータにお気に入りの写真が埋もれてしまう可能性があります。

大量のデータのなかからベストショットを選んで、部屋に飾ったり、手帳に貼ったり、ペットとの大切な思い出を常に見られるようにしておきましょう。

わんこ友・にゃんこ友の楽しいコミュニティに参加してみよう

ペットを通じて新たな交友関係が広がっていくことも、ペットライフの醍醐味のひとつです。最近では、SNSを活用したさまざまなわんにゃんコミュニティがあるので、参加してみるのもいいかもしれませんね。

SNSでは、同じ犬種のコミュニティやねこ好きのコミュニティが投稿しています。そこで、どんな投稿がされているかをいろいろ見てみて、**「ここ、いいな。楽しそうだな」**と思ったら、勇気を出して、コミュニティへの参加ボタンを「ポチッ」としてみましょう。

きちんと運営しているコミュニティでは、**怪しい人が参加しないように、参加条件を提示**しているので安心です。

参加ボタンを押し、**管理者から「承認」**されると、晴れて参加することができます。

参加したら、早速自己紹介を投稿しましょう！　もちろん飼っているペットの写真もお忘れなく。すると、コミュニティのメンバーから、歓迎の返信が来るので、そこから交流がはじまります。

▼コミュニティの魅力

ではここで、コミュニティに参加するメリットと魅力についてお話します。

まずは、さまざまな**最新情報を共有**することができます。

コミュニティ内では、ペットの情報が尽きません。ペットの健康管理やしつけ、便利グッズやサービスなど、本当にさまざまな情報を収集することができるので、とても参考になると思います。

次に、**楽しいイベントやオフ会**に参加できることも魅力でしょう。

SNSメインのコミュニティでも、リアルに地域ごとで集まってイベントを開催したり、同じ犬舎・猫舎出身の飼い主が集まって交流を深めたりすることもあります。これらのイベントに参加することで、交友関係がさらに広がっていきます。

最後に、**さまざまなアドバイスを受ける**こともできます。

ペットと生活をしていると、いろいろな悩みが出てきます。特に初めてペットと生活する場合は、ささいなことでも不安になってしまうでしょう。そのようなときにコミュニティにいる先輩飼い主からアドバイスや励ましをもらえば、不安を解消することができるかもしれません。

ペットと一緒に！憧れのキャンピングカーで思い出づくり

▼近年人気のキャンピングカーライフ

ペットを飼っている飼い主の悩みのひとつに、気軽に旅行に行けないということがあります。最近では、「ペットも泊まれる宿」も増えていますが、頭数制限や犬種の制限（中型犬以下）などによって、なかなか希望の宿を予約することができない状況があります。

さらに「ペットも泊まれる宿」のほとんどがいぬを前提にしているので、ねこと一緒に泊まれる宿は非常に少ないのが現状です。

そこで注目されているのが、**「キャンピングカー」**です。

キャンピングカーだと、家ごと移動する感覚なので、宿のことを気にする必要がありません。そして、家族以外の人と接することがないので、ペットのストレスをかなり減らせます。

実際に、一般社団法人日本ＲＶ協会の「キャンピングカー白書」（２０２３年）によると、国内におけるキャンピングカーの保有台数は２０２２年に約14万５０００台となり、昨今のアウトドアブームによる後押しもあって、前年より約９０００台も増えたそうです。

キャンピングカーの展示イベントでは、ペット連れのお客さまが多数来場しており、ドッグイベントが同時開催されているところもあります。

▼レンタカーからはじめるのもあり

とはいえ、キャンピングカーを検討すると言っても、ポンッと買えるような代物ではありません。やはり「夢のキャンピングカー」であることは間違いありません。

しかし、最近では軽自動車を改造したコンパクトなキャンピングカーが販売されていたり、キャンピングカーのレンタカーも増えてきたりと、身近なアイテムになってきています。

年齢を重ねていくごとに、時間とお金に少しずつ余裕が出てきた方は、**「時間を気にせず、ペットと一緒にゆったりした時間を過ごしたい」**と思うことでしょう。ペットとの思い出づくりのひとつとして、キャンピングカーの旅も検討できるかもしれませんね。

Column

あなたはいぬ派？　ねこ派？
それとも、どっちも派？

ペットの代表格と言えば、いぬとねこ。あなたはどっち派ですか？　ここでは、それぞれの特徴を見てみましょう。

まず、いぬです。いぬはもともと群れで生活していた動物で、飼い主（リーダー）に対して忠実で従順です。そして、走りまわることが大好きなので、飼い主は愛犬とのアクティブな時間を楽しむことができます。

さらに、いぬは感情表現が豊かです。しっぽの振り方や表情、そしてなき声などで、気持ちを伝えようとします。イメージ的には、小学校低学年の子どものような存在ですね。

続いてねこの特徴ですが、ねこはいぬと違って群れをつくらず単独で生活していた動物です。独立心が強く、自分のペースで行動することが多く、ペースを崩されることを非常に嫌います。

しかし、控えめながらも深い愛情を持っているので、ふとしたときに飼い主のそばに静かに寄り添い、深い愛情を示してくれます。まさに「ツンデレ」な動物です。このツンデレ加減が人を虜にしてしまう理由でしょう。

また、ねこは好奇心旺盛で、おもちゃで遊ぶことも大好きなので、家のなかで

Column

いろいろな遊びを楽しむことができます。

実は、2017年に、ねこの飼育頭数がいぬの飼育頭数を上回りました。これは、日本の高齢化社会が進み、体力的にいぬよりねこのほうが飼育しやすいことが関係していると考えられます。

ということは、いぬ派からねこ派へ乗り換える飼い主が多くなったと言えるかもしれません。しかし、これは体力的な問題だけではなくて、本来のねこの魅力に気づいてしまったという人が多いとも聞きます。もともとはいぬ派の人が、何かの縁でねこを家族として迎えた場合、熱烈なねこ派になってしまうそうです。面白いですよね。

このようなことからも、いぬであろうと、ねこであろうと、ペットたちはわれわれ人間にあふれんばかりの喜びと癒しを与えてくれる存在と言えますね。

2章

ペットライフは健康メリットがたくさん！

50代・60代でペットを迎えることは健康メリットがいっぱい

▼ペットは健康の特効薬

ペットを家族として迎えることは、年齢に関係なく飼い主の体と心に多くのメリットをもたらしてくれます。特に50代の方たちには、子育てがひと段落して、残りの人生をいかに楽しもうかと考えている方も少なくないと思います。また、ひとり暮らしをされている大人世代の方にとっても、子どもの頃から憧れていたペットライフを、今こそかなえようと思う方が多いでしょう。

ペットとの生活には、健康上のメリットがたくさんあります。ここでは、50代・60代でペットを迎えることによって、どんな健康メリットがあるかについて考えてみましょう。

ペットとのコミュニケーションのなかで一番にあげられるものは、ペットとの**散歩や遊び**です。

このペットとの散歩や遊びは、飼い主の日頃の**運動不足を解消**するだけではなく、**ストレス解消**にもつながります。会社も含めて社会的責任も増して、ストレスが溜まりやすい年齢ですが、**ペットとふれあうことで心身共にリラックスした状態となり、飼い主のストレス解消に効果**があると言われています。

また、ペットを通じて、仕事関係者で

はない新たな仲間ができたり、今までとは違う社会的つながりを持つことができます。**共通の話題を持った仲間とのコミュニケーション**で脳にもいい影響があります。

そして、家庭内においても、**夫婦間のコミュニケーションが促進**され、家庭内のストレス軽減につながります。

最後に、ペットを家族として迎えることによって、**命に対する責任感**が生まれ、新たな生きがいを見出すことにもなります。

このように、50代・60代でペットを迎えることは、**飼い主の豊かな人生を築くための重要な要素**になってくれるのです。

ペットと一緒にいるだけで笑顔になれる!

▼笑顔の効果

SNSなどで流れて来るペットと飼い主が一緒に写った写真や動画。そのときの飼い主は笑顔にあふれています。

笑顔はストレスホルモンの分泌を抑制し、**ストレスレベルを下げる**と言われています。また、笑うことで脳内に「**幸福ホルモン**」が分泌され、**リラックス効果**が生じます。

さらに、笑顔が**免疫システムを活性化**し、病気に対する抵抗力が向上することもわかっています。

また、笑顔によって血圧が下がり、**心臓への負担が軽減**され、血圧や脈拍が安定し、**心血管疾患のリスクが低減**するとも言われています。

このように、**笑顔は人間の健康にとって必要不可欠な要素**で、心身のバランスを保つために重要なものだということがおわかりいただけたでしょうか。

ペットとの笑顔あふれる生活が、健康リスクを低くし、**健康寿命を延ばしてくれる**でしょう。

散歩のおかげで健康的にリフレッシュ

▼散歩の効用

愛犬との散歩は、飼い主の体力づくりに加え、精神的なリフレッシュにもなります。

犬種によって差はありますが、いぬの散歩は、朝と夕方にそれぞれ30分〜1時間程度させることが推奨されています。そして、厚生労働省が出している「健康づくりのための身体活動・運動ガイド2023」によると、推奨身体活動量として、**高齢者は1日40分以上**、**成人は60分以上程度の運動**を提示しています。まさに、この運動量は、愛犬との散歩でクリアできますね。

愛犬との散歩中には、木々の香りや風のざわめき、鳥のさえずりなどにふれることで、**副交感神経が高まり**、**リラックスした状態**を維持することができます。その結果、**快眠・快食**が促進され、心身共に健康的な日常生活を送ることができるのです。

▼愛犬との散歩でつながりが生まれる

さらに、愛犬との散歩は、**地域社会や飼い主同士の交流**を促進してくれます。散歩中、ご近所さんとの何気ない会話を楽しんだりすることで、社会とのつながりを実感でき、孤独感や孤立感が軽減されて、精神的な安定につながります。

アメリカでの調査研究（Siegel、1990）において、65歳以上の高齢者を対象に、「いぬもねこも飼っていない人」と「いぬを飼っている人」の病院への年間通院回数を調査したところ、いぬもねこも飼っていない人は年間通院回数が10・37回なのに対し、いぬを飼っている人は年間通院回数が8・62回に留まったという結果が出ています。いぬとの散歩は飼い主の健康維持に一役買っていますね。

しかし、毎朝、毎夕の散歩は、時折面倒くさいと感じることがあるかもしれません。そう思うと、散歩自体がストレスに感じるときがあるでしょう。

そのようなときは、無理して散歩に行

福岡県　ピース

く必要はありません。なぜならば、そのような状態で散歩に行ってしまうと、余計にストレスが溜まり、すべて逆効果になってしまうからです。

もし仮に、「今日は散歩に行きたくない」と思ったら、無理して散歩に行くのではなく、**部屋のなかやお庭などで愛犬と遊び、愛犬を運動させてあげましょう。**

こうすることによって、「散歩をさせないといけない」というストレスから解放されると同時に、愛犬と一緒に遊ぶことによって、飼い主自身のストレス解消にもつながり、翌日には、また愛犬と一緒に散歩に行きたいと思うはずです。

このように、**愛犬との散歩を無理なく楽しむ**ことが、飼い主の健康にとって一番効果的なのかもしれませんね。

ペットと暮らすと認知症の発症率が下がる!?

高齢化が進む日本において、増加しているのが「高齢者の認知症」です。認知症は完全に治す治療法がないため、予防が非常に重要だと言われています。

実は最近、**ペットとの生活が認知症の予防に効果がある**と発表されました。地方独立行政法人東京都健康長寿医療センターによると、**いぬの飼育者は、非飼育者に比べて認知症が発症するリスクが40%低くなる**という研究結果が出されています。

この要因は、日頃から愛犬を散歩させることによる身体活動やご近所さんやいぬ仲間との交流による社会参加の維持が、飼い主の認知症発症リスクを低下させていることが考えられるそうです。

実際に、このようなエピソードがありました。

ある動物病院に、昔から通う近所の80歳のおばあちゃんがいました。そのおばあちゃんは毎週のように高齢の愛犬を病院に連れて来ていましたが、あるときを境に、パタッと病院に来なくなりました。理由は明白です。高齢の愛犬が虹の橋を渡ったのです。

それからしばらく経ち、動物病院の院長先生が、来院したご近所さんにおばあちゃんの近況を聞いたところ、認知症の症状が出はじめたことを知ります。

そこで、院長先生はつい最近、知り合いのペットショップに大きくなりすぎたいぬがいると聞いたことを思い出し、すぐにペットショップのオーナーに連絡をして、その子を譲渡してほしいとお願いしました。

理由はその子を、例のおばあちゃんに面倒みてもらうためでした。もちろん、おばあちゃんがお世話をできなくなったら、院長先生が引き取るという条件付きです。

院長先生はおばあちゃんのところにいぬを連れて行き、お世話をお願いしました。すると、そのおばあちゃんは元気を取り戻し、何と認知症の症状も抑えられたのです。

このような事例は少なくありません。ペットとの生活は高齢者の心と体を元気にしてくれるサプリメントかもしれませんね。

夜の会食が激減で成人病予防！お家時間が増えるワケ

ペットとの生活をはじめると、日頃の生活習慣に変化が生じてきます。なかでも顕著に表われることのひとつが、飼い主の夜の会食が減少することです。

その理由は、ペットが家にいることで、居心地のいい空間が生まれ、**帰宅することが楽しくなる**からです。帰宅すると、ちぎれんばかりにしっぽを振って出迎えてくれるわんこ、ソファに座ると「今日もお仕事お疲れさま〜」と言わんばかりに寄り添ってくるにゃんこ、**純粋な愛情表現をしてくれる存在がいると、早くおうちに帰りたいと思うでしょう。**

実際に、仕事のストレスを発散するために、毎晩のように夜の街に繰り出していた40代の男性がこいぬを家族に迎えた途端、飲み会の回数が激減した話を聞いたことがあります。もちろん、お酒の量も減って、成人病予防につながることは言うまでもありません。

ペットとの生活は、規則正しい生活と食習慣、そして日常生活の癒しを届けてくれるのです。

ペットはかわいい潤滑油。夫婦げんかもなくなります

効果について詳しく見ていきましょう。

ペットを飼うことは、**夫婦間のコミュニケーションを促進**してくれます。ペットのお世話やお散歩、そして一緒に遊ぶことによって、**共通の関心事や話題**を提供してくれて、**会話のきっかけ**を生み出してくれます。これにより、夫婦間のコミュニケーションが活性化し、毎日の会話も弾むのではないでしょうか。

続いて、ペットとのふれあいは、ストレスを軽減するのに効果的だと言われています。ペットとのふれあいは、ストレスホルモンの分泌を抑制し、リラックス効果があると言われています。

▼夫婦円満の秘訣はペットにあり

ペットとの生活は、夫婦関係を円滑な方向へ導いてくれる効果があると言われています。

一般社団法人ペットフード協会による「ペットの飼育による、夫婦関係にもたらす効用」に関するアンケート調査によれば、ペットの飼育によって**「夫婦の会話が多くなった」「夫婦の関係が和やかになった」「夫婦で過ごす時間が多くなった」**などの回答が多く、ペットと生活することで夫婦関係がより親密になることを実感しているようです。

それでは、ペットが夫婦関係に与える

効果をもたらしてくれます。その結果、ちょっとしたことでイライラして、夫婦げんかに発展していたのが、**ペットがそばにいることで、そのイライラも解消**され、激しい夫婦げんかをしなくなるのではないでしょうか。

もしくは、相手に対する愚痴をペットに聞いてもらうことによって、怒りのボルテージが徐々に下がって夫婦げんかに発展しないケースもあるかもしれませんね。この場合、ペットにしてみたら、迷惑な話ですけど（笑）。

最後に、ペットを飼うということは、夫婦の共同作業であり、**責任の共有**です。子育てに似ているかもしれません。ペットのしつけや健康管理について、一緒に考えて、実行することが**夫婦間の信頼関係を深め、夫婦間の摩擦や不和を減少**させるのではないでしょうか。

このように、ペットは夫婦間のコミュニケーションの促進、ストレス状態からの解放、そして信頼関係を深めてくれる貴重な存在と言えるでしょう。

福岡県　おこげ

Column

ペットを「所有する」のではなく、「関わる」という考え方

ペットを家族として迎える際に一番気になることが、お世話をする期間だと思います。最近では市販のフードの品質向上と獣医療の発展に伴い、年々いぬ・ねこの寿命も延びています。

こいぬやこねこを家族として迎える場合、お世話をする期間としては、最低でも15年程度必要になります。こうなってくると、自分の年齢を考えて、ペットを家族として迎えることをあきらめないといけないかもしれません。

この考え方は、ペットを「所有する」という視点では正しい選択肢になりますが、ペットに「関わる」という視点を持つことによって、ペットとの生活をあきらめなくても済むかもしれません。

令和元年に公布された改正動物愛護管理法では、令和6年6月からは、民間の動物保護施設においても、飼育頭数を制限する内容となっており、今までのようにすべてのいぬ・ねこを保護できなくなる状況になっています。そこで重要になってくるのが、「預かりボランティア」です。

預かりボランティアとは、里親が見つかるまでの期間を自宅で預かるボランティアです。短期的な預かりになりますし、預かっている期間は、家族として一緒に

Column

生活することができます。そして、「命の橋渡し役」として、非常に社会的意義のある活動に参加することができます。

また、愛猫家の方には、「ミルクボランティア」という活動もあります。ミルクボランティアとは、自治体が運営している動物愛護施設や民間の動物愛護団体で保護したねこのうち、哺乳や排泄のお世話などが必要な生後間もない時期のこねこたちのお世話をするボランティア活動です。

生後間もないこねこには、2〜3時間おきにミルクを与えないとなりません。そして、自分では排泄できないので、排泄の補助をしてあげる必要があるのです。このようなお世話をするのがミルクボランティアですが、とても大変な仕事なので、全国的に人数が少ないと聞きます。この活動も「命の橋渡し役」ですので、ぜひとも検討していただきたい活動のひとつです。

このような関わりで、社会的意義のある活動に参加することができるので、ぜひご検討ください。詳細については、各自治体が運営している動物愛護センターにお問い合せください。

3章

ペットを迎える前に必ず備えておきたい知識

ペットの「命」を守れるのは飼い主だけです
——終生飼養義務

▼いぬ・ねことの長い歴史

人間といぬ・ねことの共生の歴史は非常に長く、いぬは約1万5000年前頃から、そして、ねこは約1万年前頃からと言われています。

いずれも、狩猟や害獣駆除など、人間のために仕事をしてくれる「使役動物」でした。その後、近代になるにつれ、「使役動物」から「愛玩動物（ペット）」へ変化していきました。

このような歴史のなかで、動物に対する愛護精神も育まれて、世界的に動物愛護活動が盛んになっていきました。

日本も例外ではなく、戦後、高度経済成長をしていくなかで、ペットブームが起こり、ペットがライフスタイルに彩りを添えてくれるようになりました。

一方で、「安易なペットの飼育欲求」が「安易なペットの飼育放棄」を呼び、いぬやねこたちの殺処分の数が増加し、社会問題として認識されるようになります。同時に動物愛護活動も盛んになり、改正動物愛護管理法（平成25年9月施行）につながっていきました。

この法律改正は、動物愛護団体にとって念願の改正でした。なぜかというと、初めて「終生飼養義務」が明文化されたからです。

「終生飼養義務」とは、動物の飼い主は、その動物が命を終えるまで適切に飼養しなければならないという義務です。この「終生飼養義務」の明文化により、年々いぬ・ねこの殺処分数は減少しています。

しかし、安易な飼育欲求による飼育放棄は後を絶ちません。この背景のひとつとして、ブランドバッグやブランド時計と同じように、命あるペットが「モノ」扱いになってしまっていることがあげられるのではないでしょうか？　ペットは、法律の解釈上ではたしかに「モノ」ですが、今までの歴史を見ていくと、「モノ」では済ますことができないのは明白です。

これからペットを迎える方やすでに迎えている方には、**命に対する「責任」と「覚悟」**を考えてほしいと思います。

自分の年齢を考えると、ペットの面倒を最期までみることができるかどうか不安に思っている読者の方は、その不安を払拭するために、本書を手に取ってくださったはずです。ぜひその不安を払拭して、ペットとの楽しい生活を送る準備を進めてください。

仕事とお世話の両立を真剣に考える

▼生活リズムに組み込む

ペットを迎える際には、いろいろな状況を想定して冷静に判断する必要があります。「さみしいから」とか「かわいいから」など、ひとときの欲求だけで判断するのではなく、**自分が新しい"家族"を迎える「覚悟」ができているのだろうか？** という視点で検討する必要があります。ペットを新たに迎えることは、新たな「命」を預かるということです。

そして**ペットとの生活には「お金」と「時間」がかかります。** この現実をしっかりと踏まえたうえで、ペットを迎えましょう。

ペットと生活をするということは、必ずお世話が必要になってきます。まさに、生活リズムが一変することも起きるでしょう。

生活していくためには、仕事は大事です。しかし、ペットは、飼い主のお世話がないと生きていくことができません。だからこそ、今の生活リズムのなかにペットのお世話を含めても、「仕事とお世話の両立」がちゃんとできるのか、冷静に判断することが大切なのです。

初めてペットと生活する人にとって、ペットのお世話が時折ストレスになることがあるようです。このストレスによって、飼育放棄が起こり、ペットの殺処分につながることがあります。そのような最悪の事態を招かないように、飼い主としての覚悟が必要になってきます。

その覚悟の第一歩として、**ペットの飼育には「必ずストレスがある」と認識**することです。今まで以上にお金はかかるし、部屋の掃除も大変になります。

しかし、いったん覚悟を決めてしまえば、**あらゆるストレスをまとめて解消してくれるほどの癒しを提供してくれる**のも事実です。

今一度、自分の生活を冷静に見つめて、覚悟が決まったら、ぜひとも新しい家族を迎えて、楽しいペットライフを送りましょう。

埼玉県　アスラン

自分の年齢を考えたときに、我慢すること・気をつけること

最近、70代の女性Aさんからこのようなお話を伺いました。

Aさんはご自宅で2歳の秋田犬と一緒に生活をされています。秋田犬といえば、日本犬のなかで唯一の大型犬とされ、とても元気で、力も強い犬種です。1年前にご主人が他界され、Aさんは今、ひとり暮らしということでした。

ご夫婦共にいぬ好きで、これまでも自分たちの生活には必ずいぬがそばにいたそうです。そしてご主人は秋田犬が特に好きで、今飼っている秋田犬で3代目ということでした。

ご主人は2代目の秋田犬が亡くなった際に、「次の子が最後の子」ということで、3代目の秋田犬を迎えたそうです。そのときAさんは、ご主人の年齢と体力を考え、「ちょっとやめたほうが……」と反対したのですが、ご主人に押し切られる形で秋田犬を迎えました。ご主人がご健在のときは、一緒に散歩に行っていたそうです。

しばらく経って、ご主人が急に体調を崩し、それから間もなく亡くなってしまいました。ご主人が他界後のいぬの散歩は、Aさんがしないといけないような状態になっていますが、まだ2歳ということで、とても元気で力が強いので、怖くてじゅうぶんな散歩もできなくなっているとおっしゃっていました。

▼年齢と現実を冷静に考える

さて、この話を読んで、あなたはどのように思いましたか？

私は正直、「無責任」だと思いました。それはなぜかというと、そもそもこのご夫婦は大型犬を迎えるべきではなかったからです。

やはり、**自分の年齢と体力**、特に夫婦の場合は、**ひとりになったとしても、同じようにお世話ができるのか**というところまで考えなくてはいけません。

Aさんのお話から、自分本位の趣味趣向だけで新しい家族を迎えてしまうと誰もしあわせになれないということを学びました。

ぜひ、**自分の「今」の状態ではなく、「これから」の状態を冷静に見つめて**最終判断をしていただきたいと思います。

福岡県　マカン

飼い主はモラルが大事 ——住居問題編

▼なき声問題を考える

いぬ・ねこを飼おうと思ったら、最初に飼い主が肝に銘じておかなくてはならないことは、**自分がいぬ好き・ねこ好きだからと言って、まわりの住民が全員好きだとは限らない**ということです。「自分の居住スペースだから、自由に使っていいでしょ」とか「ペット可のマンションだから、多少騒がしくても大目に見てよ」と思っている方がいるかもしれませんが、それは大間違いです。

まず、ペット可の集合住宅の場合は、「近隣住民に迷惑をかけなければ、ペットを飼ってもよい」ということが大前提です。そして、戸建ての場合でも、いくら自分の敷地だからといって、近所の人のことを無視していい訳はありません。

特に飼い主が気を配らないといけない点は、**「なき声」**です。いぬもねこも人間と同じように、**声を出していろいろな意思表示をします。**特にいぬに関しては、なき声の音量も大きな場合があるので、トラブルが発生する可能性が高まります。

実際に、隣人の飼いいぬが昼夜を問わず大きななき声で断続的に吠えるため、それが原因で睡眠障害を伴う神経症を発症したとして、治療や慰謝料等の支払いを求める損害賠償請求が起きています。また、飼い主が近隣住民に対し、財産的、精神的損害を与えたとして、飼い主に対する損害賠償請求が認められた事例もあります。このような最悪の事態を招かないように、近隣住民に気を配らないといけません。

▼なき声の理由

それでは、そのような「なき声」を改善させる方法はあるのでしょうか？　もちろんあります。それは、**「なぜないているか？」**を飼い主として真剣に考えてあげることです。怖くてないているのか？　さみしくてないているのか？　遊んでほしくてないているのか？　何かしらのストレスが溜まっているのか？　必ず原因があるはずです。もし、その原因がよくわからない場合は、プロのドッグトレーナーに相談してもいいかもしれませんね。その原因をひとつずつ解決して、近隣の方ともうまく付き合って、楽しいペットライフを実現しましょう。

なかには高齢で認知症を発症してしまい、昼夜逆転になって夜なきをする子もいます。この場合は別の対策を考えないといけません。

飼い主はモラルが大事
——飼育マナー編

みなさんが子どものときのことを思い返してください。学校に行く途中、〝いぬのうんち〟がよく落ちていませんでしたか？　友達との話に夢中になっていると、あやうく踏みそうになる、または踏んでしまった経験を持つ方も多いでしょう。

では、最近はどうでしょうか？　あまり見かけなくなっていませんか？

この理由としてあげられるのは、まずは野良いぬがいなくなったことです。**狂犬病の予防対策として自治体が野良いぬ対策をしてきた結果**です。狂犬病は致死率100％のおそろしい感染症なので、安全な社会を構築するために不可欠な対策です。

続いてあげられる要因が、**飼い主のマナーの向上**です。これも各自治体や獣医師会の長年にわたる「飼いいぬの落とし物は持ち帰りましょう」という啓蒙活動の結果だと思います。今では、いぬの散歩をさせるとき、エチケット袋を持っていない人はいません。このようなマナーは人間とペットたちが共生するには必要不可欠なことです。

自分が入院したとき、誰がペットの面倒をみてくれますか？

自分が入院したときのペットのお世話に関して、特に考えておかなければならないのは、**ひとり暮らしでペットを飼う場合**です。年齢を重ねていくと体調を崩しやすくなったり、今までは気にもしなかった段差につまづいてしまったり……。そんなときに不安になるのが、もし自分が病気やケガで入院したときのペットのお世話です。

今は**ペットホテルやペットシッター**など、飼い主の代わりに面倒をみてくれるサービスがありますが、そのサービスの質や料金形態などはさまざまです。

ですから、それらのサービスを**事前に下調べする**必要があります。突然入院することになって、急いで探してお願いできたとしても、そこの環境がペットにとってストレスになるようだったら、ペットも体調を崩してしまいます。

前もって、生活圏にどんな施設やサービスがあるのか調べておくことが必要です。そして、**できれば事前に体験させてあげる**といいでしょう。そうすることで、不測の事態にすぐ対応できます。

特にねこの場合は、生活環境が変わるととてもストレスを感じてしまうので、体調を崩してしまいがちです。また、ペットホテルにお願いしたとしても、移動中に脱走してしまう危険もあります。そのようなことを考えると、ペットホテルよりもペットシッターさんにお願いしたほうがいいかもしれません。

ペットシッターさんとは、飼い主が留守の間に、ペットのお世話をしてくれる方です。ペットからすると生活環境が変わらないなかでお世話をしてくれるので、あまりストレスを感じません。

一方、飼い主側からすると、留守中に家の鍵を預けてお世話をしてもらうので不安な部分もあると思いますから、この場合も信頼できるペットシッターさんを事前に探す必要があります。

そして、一番よい預け先は、信頼できるお友達や家族でしょう。不測の事態が起こる前に、きちんとお話しておいしておくと安心でしょう。

自動車保険を要チェック！ トラブル回避機能がついているかも

ペットと生活していると、**ペットが引き起こすさまざまなトラブル**に遭遇することがあります。例えば、いぬの散歩中に首輪が外れて、通行人をかんでしまった。家に友達が来て話していると、突然飼っているねこが友達の足をかじってしまい、腫れあがった。実は、このようなペットに関するトラブルは少なくありません。

このトラブルを解決するために、民法（第718条）では、このように明記されています。「動物の占有者は、その動物が他人に加えた損害を賠償する責任を負う。ただし、動物の種類及び性質に従い相当の注意をもってその管理をしたときは、この限りでない」。

要するに、**飼い主の不注意により他人を傷つけた場合は、飼い主は損害賠償責任を負う**ということです。もっと簡単に言うと、ペットが傷つけてしまった被害者から飼い主に対して、慰謝料を請求されるということです。

これは大変なことです。しかし、これは飼い主の責任として当然のことなのです。

▼保険内容を確認しよう

そこで、車をお持ちの方は、ご自身の**自動車保険**をご確認ください。そして、その自動車保険に**個人賠償特約**がついているかどうか確認しましょう。もし特約が付加されていなければ、早急に個人賠償特約を付加することをおすすめします。なぜならば、実はこの**個人賠償特約が、ペットが引き起こす不測の事態のときに役に立つ**からです。

自動車保険に付加されている個人賠償特約とは、**自動車事故以外の日常生活の事故でも、他人にケガをさせたり、他人のものを壊してしまったりして、法律上の損害賠償責任を負った場合に補償する特約**なので、ペットが引き起こした事故に対しても補償してくれる場合が多いです。さらに、**家族全員が補償の対象**になるので、とても安心です。

個人賠償補償は、自動車保険以外にも、**火災保険やクレジットカード**にも付加されている場合があるので、一度約款などを確認したり、保険会社に聞いてみることもおすすめします。

ちなみに、個人賠償補償の重複加入は意味がない場合が多いので、ひとつに絞ると保険料の節約にもなります。

正しいごはんのあげ方

最近ではフードの品質も上がり、各フードメーカーから多種多様な商品が発売されています。なかには「ヒューマングレード」といって、人間が食べても問題がないドッグフードもあるくらいです。

それは、飼い主の**「家族にはおいしいものを食べてほしい」**というニーズから来ていると思います。しかしあまりにも人間の感覚だけでごはんを与えてしまうと、ペットたちの健康を損ねてしまう場合があるので注意しましょう。

例えば、ドライフードの場合。飼い主としては、いぬが「カリカリ」と、おいしそうに食べているから「歯ごたえがあっておいしそうに食べてるな」と思うかもしれません。しかしこの与え方は避けたほうがよいでしょう。なぜならば、いぬは腸が短いため、**カリカリの状態で与えてしまうと、ドッグフードをうまく消化できず、ドッグフードの一部がそのまま排便**されます。これが原因で、食糞行動につながってしまうのです。

さらに、いぬはたくさんのおしっこをします。ただでさえ、体内から水分を放出するのに、カリカリのドライフードを消化させるためにも体内の水分を使ってしまうので、**体は水不足状態**になってしまいます。このことが原因かどうかは、はっきりしていませんが、最近、乾燥肌による皮膚疾患が多いと言います。

▼ちょっとした工夫で水分補給を

それでは、どのようにすればいいのでしょうか。

約40度のぬるま湯をドライフードがヒタヒタになるぐらい入れてふやかします。基本的にはこれだけです。

ふやかすことでご飯と一緒に水分をとることができるので、消化されやすくなります。その結果、**体内の水分不足が解消され、食糞行動や乾燥肌が改善される**と言われています。ぜひお試しください。

続いてねこの場合ですが、ねこはもともと乾燥地帯で生活していた動物なので、自ら積極的には水分をとらず、狩りをした獲物から水分をとっていた動物です。

そのために現代のねこは、飼い主が与えるごはんだけではじゅうぶんな水分をとることができず、**水分不足になって心臓や腎臓に大きな負担がかかっている**ようです。

それでは、ねこにどのようにごはんをあげたらよいのでしょうか。

ねこの場合もいぬと同じように水分が重要です。飼い主が不足分の水分をごはんと一緒にあげることが必要です。そうなると、ドライフードではなく、ウェット系のフードがねこのためにはいいのかもしれません。

日本ではドライフードが主流ですが、実は欧米ではウェット系のフードが主流です。その結果、**腎臓病の罹患率が欧米よりも日本のほうが高いというデータ**があります。このことからも、食事から水分をとることが、ねこの健康にとってどれだけ重要なのかがわかると思います。

しかし、毎食ウェット系のフードを与えるとなると、出費も膨らみますので、うまく使い分けたいですよね。


また、なかには「もう少し手を加えたごはんをあげたい」と思っている方がいるかもしれません。その場合は、人間のごはんを料理する際に出た根菜の皮や葉物野菜の外側の葉などを捨てずに取っておいて（ネギ系は絶対にNG）、それをカットし、鍋で茹でて**具入りスープ**をつくります。さらには、そのスープをドライフードにかけてふやかしてもいいと思います。こうすると、生ごみも減って、ペットにもいろいろな栄養を与えることができるので、一石二鳥ですね。

このように、少し手を加えるだけでも、ペットにじゅうぶんな愛情を注いでいることになります。ぜひ、ペットの視点になって、ごはんを与えてください。

愛知県　レオン＆ルイ

ペットのかかりつけの動物病院を決めておく

わんこもにゃんこも、急に元気がなくなって病気になったり、ケガをしてしまったりすることがあります。そのときのためにも、かかりつけの動物病院を決めておく必要があります。

ペットは、**突発的な病気やケガだけではなく、予防接種や定期健診など、動物病院に行く機会が案外多い**ものです。そのため、信頼できる動物病院を見つけておくことが、ペットの健康のためにも、飼い主の安心のためにも大切です。

それでは、ペットのかかりつけ動物病院を決めるポイントをいくつかご紹介しましょう。

【ポイント①自宅から近い】

ペットは人間のようにしゃべることができないので、**症状が突発的に悪化すること**があります。そのような緊急事態に自宅の近くであれば、すぐに連れていくことができます。

そして、もしペットが通院や入院が必要な病気やケガをしたときも、自宅から近ければ、飼い主の時間的体力的負担も下がりますね。

【ポイント②診療時間と診療日】

飼い主のお仕事もさまざまだと思います。自分の勤務時間や休日を考慮しながら、動物病院を選びましょう。

【ポイント③獣医の先生がきちんと説明してくれるか】

信頼できる獣医は診察後、丁寧に診断内容を説明してくれます。そして、治療方針についても、選択肢を提示してくれるので、飼い主として安心して任せることができます。

【ポイント④診察費は妥当な金額か】

動物病院は自由診療なので、同じ治療や薬でも、診療費はそれぞれの動物病院によって違います。病院の規模や設備によって金額も異なってきますので、地域の相場を調べたうえで、動物病院を決めるのがいいかもしれません。

かかりつけの病院が
あると安心
どうぶつ病院

動物病院を探しましょう。

【ポイント⑤動物病院の評判や情報をネットの書き込みで確認&先輩飼い主から情報収集する】

今はネット社会ですので、利用者がネット上にさまざまな書き込みをします。気になる動物病院があったら、まずはネットのクチコミ情報をチェックしてみましょう。

書き込みがすべてとは言いませんが、ある程度は参考になると思います。

そして、一番いいのは、同じペットを飼っている先輩飼い主からの紹介です。非常に確度の高い情報を得られるでしょう。ぜひ先輩飼い主さんからアドバイスをもらいましょう。

以上のポイントを押さえて、ペットや飼い主にとって安心できるかかりつけの

千葉県　舞夏＆葉月

Column

ペットの飛行機輸送問題を考える

２０２４年1月2日、ＪＡＬの旅客機と海上保安庁の航空機が衝突する事故が起きました。飛行機の乗客乗員は奇跡的に救出されましたが、海上保安庁の職員5名の方が亡くなるという痛ましいニュースが流れました。

この事故で、旅客機の貨物のなかのペットが犠牲になったことがＳＮＳなどで話題になり、「ペットは家族だから客室に持ち込めるようにするべきだ！」とか「動物アレルギーの人もいるから客室に持ち込むべきではない！」など、さまざまな議論が飛び交いましたが、みなさんはどのようにお考えでしょうか？

これは著者の私見になりますが、そもそも、客室であろうが貨物であろうが、ペットを飛行機に乗せるべきではないと思っています。なぜかというと、ペットたちの体は人間よりも小さく、気圧による影響が人間よりも大きいのではないかと思うからです。そして機内の貨物庫は客室とは違い、飛行機のエンジン音も大きく、音に敏感なペットたちに相当なストレスを与えてしまうでしょう。

もちろん飼い主にもさまざまな事情があるでしょう。そしてペットは家族です。常に一緒にいたいと思うことは、飼い主として当然だと理解できます。しかし、

Column

ペットの体のことを思うのであれば、やはり飛行機に乗せるべきではないと考えます。

それでは、どのようにすればよいのでしょうか。それは、事前に預けるところを確保しておくということです。

もちろん、今回の事故で犠牲になってしまったペットの飼い主さんも預けるところをいろいろ探したかもしれません。ペットホテルを何件も何件も探しまわったけれど、どこも満室で預けることができなかったのかもしれません。そして年末年始という時期もあり、友達にもお願いできなかったかもしれません。その結果、苦肉の策で飛行機に乗せたのかもしれません。決して、飼い主さんを責めている訳ではありません。今回の事故で一番胸を痛めているのは、亡くなったペットの飼い主さんですから……。

今回の一件で航空会社もいろいろと検討して、ペット輸送に関する選択肢が増えるかもしれません。しかし最終的には飼い主として、何がペットにとってベストなのかということを考えてほしいと願っています。

Column

ねこに関するさまざまな問題
——えさやり問題

街を歩いていると「ねこにえさを与えないでください。迷惑しています」と書かれた貼り紙を見る機会があると思います。これはねこの糞尿被害に対する地域住民からの訴えです。野良ねこは民家の庭の目立たない砂地にうんち・おしっこをすることがあります。その後始末は、そこに住んでいる方がしなくてはなりません。

それでは、野良ねこのえさやりも、地域住民に迷惑をかけているので「悪」なのでしょうか。一概に「悪」とは言えませんが、唯一「悪」だと断言できるのは、「無責任なえさやり」行為です。

野良ねこも人間と同じ動物です。ごはんが食べられないと生きていくことはできません。しかも、野良ねこも動物愛護法上、虐待や遺棄から守られるべき存在のため、ねこを大切に思う気持ちからのえさやりは、法律の趣旨に合致する行為と言えます。

しかし、自分だけの中途半端な動物愛護精神だけで野良ねこにえさを与えてしまうと、さまざまな問題が起きます。それは、望まれない命が次々に誕生してしまうという点です。

ねこは繁殖能力が高い動物で、年に3

Column

度発情し、交尾後の妊娠率は100%です。一度の出産で5~6匹を出産するので、どんどん増えていきます。野良ねこが増え続ければ、地域住民だけではなく野良ねこたちも不幸にしてしまいます。

では、どのようにすれば、地域住民とねこたちが共生できるのでしょうか。それが、「地域猫活動」です。地域猫活動とは、地域住民と保護猫団体（ボランティア）が主体となって、地域にいる野良ねこの不妊・去勢手術を行ない、えさのやり方や排泄物の後始末などに関するルールを定めます。

そしてその地域で一代限りの野良ねこを適切に管理していくことにより、トラブルを減らすと共に、不幸な野良ねこの数も減らしていく活動です。

このように、保護猫団体のボランティアと地域住民の方が懸命に活動しているところに、無責任なえさやりをしてしまうと、その努力が無駄になってしまいますので、絶対に無責任なえさやりはやめましょう。

そして、自分も野良ねこ問題の解決に何かしら携わりたい場合は、地域猫活動に関わっている自治体の窓口に問い合わせをしてみたらいかがでしょうか。

4章

わんことにゃんこのお金事情

受け入れる準備をしよう
——スターターキット

3章までで、ペットを迎える心の準備ができたことでしょう。次に心配なのはお金のことだと思います。食費や病院代、そしてペットシーツなどの消耗品類。ペットと生活するには、ある程度のお金が必要です。そこで、事前にどのくらいのお金がかかるかわかっていたら安心ですよね。本章では、ペットの受け入れからお別れまで、どのようなお金がかかるかご案内しましょう。

▼グッズと費用を計算しよう

まずは、**受け入れる際にかかるお金**です。いわゆる**「スターターキット」**ですね。いぬとねこで、準備するものが違うので、それぞれご説明しましょう。

いぬを迎える際に必要なスターターキットは、フード用と水用のうつわ、計量カップ、サークル、ケージ、キャリーバッグ、トイレトレー、トイレシート、ブラシ、首輪、リード、屋外で飼う場合は屋外用ハウスなどです。結構準備するものがありますよね。ペットショップやブリーダーから迎える場合は、買い物のアドバイスももらえるでしょう。

そこで気になるのがトータルの準備資金ですが、大きさや犬種によって金額にも幅がありますが、最低でも5万円くらいの出費は必要です。

それでは、次にねこを迎える場合のスターターキットです。フード用と水用のうつわ、ねこ用トイレと砂、ベッド、爪とぎ器、キャリーバッグ、キャットケージ、ブラシです。ねこはいぬと違って散歩に連れて行かないので、室内で安心して過ごせるアイテムが必要になります。また、ねこは本能的に爪とぎをするので、爪とぎ器は必須アイテムです。

ねこの場合の準備資金としては4万円くらいをみておきましょう。

いずれにしても、少なくない金額です。少しでも節約したい場合は、まわりの先輩飼い主さんに相談して、いらなくなったアイテムを譲ってもらったり、「ジモティ」のような個人売買サイトを活用したりして初期経費を抑えてもいいかもしれません。

特にケージやキャリーバッグなどは、成長していく度に買い替えるので、結構きれいなものを譲ってもらえたり、安く買えたりする可能性がありますよ。

福岡県　にこ

おいしいごはんを食べさせたい！
——食費事情

昔はペットのごはんを「えさ」と言っていましたが、今はそう言っている人は少なく、「ごはん」と言っているでしょう。それほどペットが人間の生活に溶け込んでいるということです。それと同時に、愛する家族に少しでもおいしいものを食べさせたいと思う方も増えてきているように思います。

そこで気になるのが毎月の食費です。一般社団法人ペットフード協会のアンケート調査（令和5年）によると、いぬの場合は、**超小型犬で、3070円、小型犬で3936円、中・大型犬で5169円。**そして、**ねこの場合は2988円**となっているようです。

これはあくまでも平均なので、どのくらいこだわって用意するかによって、高くもなりますし、安くもなると思います。

私たちの感覚として、「高いものはよいもの」という感覚はないでしょうか？　実は、ペットフードに関してはそうでもありません。値段の割に高品質のフードもありますし、その逆もあります。**値段に惑わされることなく**、ペットの体調や体質を観察しながら、最適なフードを選んであげましょう。

▼愛情たっぷり手づくりごはんのコツ

そして、最近では、**手づくりごはん**にチャレンジする方も増えています。ネットにも、たくさんの手づくりレシピが公開されています。**手づくりの場合は、市販のフードよりも少し高めに費用がかかる**と思いますが、ペットの体調や体質に合わせて与えることができるので、時間とお金に余裕がある方は、チャレンジしてもいいかもしれませんね。

そこで、ひとつ注意点があります。それは、**ペットに必要な栄養素をきちんと与える**ということです。

市販のフードは、企業が研究を重ね、必要な栄養素をフードに入れていますが、手づくりの場合は、飼い主がきちんと栄養素を調べてつくらなくてはなりません。かなり負担になるかもしれないので、最初からすべてを手づくりするのではなく、市販のフードに、手づくりの要素を加えた「ハイブリッド手づくりごはん」からスタートするのがおすすめです。

健康維持にもお金がかかる
――ヘルスケア費事情

▼サプリメントが流行中

飼い主が自身の健康に気をつけているように、ペットに対する健康志向も高まっています。それに比例して、ペットに関するヘルスケア商品も多数販売されており、**特にサプリメントに関しては、ビタミンやカルシウム、そして乳酸菌やコンドロイチンなど、人間と同じような商品が発売**されています。

これは、かわいいわが子に「いつまでも元気でいてほしい」という想いの表われですね。ペット保険の最大手であるアニコム損害保険株式会社のアンケート調査（2023年）によると、「サプリメント」の年間費用として、いぬの場合で1万783円、ねこの場合で3902円という結果が出ています。しかし、この数字は、サプリメントの年間費用を全飼い主数で割っているので、サプリメントを与えていない飼い主も存在することを考えると、実際の支出額はもっと多いのではないかと思います。

サプリメントの種類によっても価格はさまざまで、数百円から1万円を超える商品が存在します。

しかし、そもそもペットたちは、自然界で強く生きていた動物たちです。自然界にはサプリメントという便利な〝獲物〟はありませんが、健康的に生きていたはずです。それでは、なぜ人間界で生きているペットたちは、サプリメントを摂取しなければならないのでしょうか？　それはやはり、**日頃の食生活が影響**していると考えられます。

ですから、毎日与えるフードがペットの体に合っているかどうかを確認することがまず大事です。最近のフードは総合栄養食として、各フードメーカーが研究開発しているので、基本的にはペットたちに必要な栄養素は含まれています。

そのうえで、もっと健康的な生活を送らせてあげたいときに、そのときの状況によってサプリメントをあげれば、ペットの健康維持につながりますし、飼い主のお財布にも優しいかもしれませんね。

福岡県　チャコ＆コロン

おしゃれにもお金がかかる!?
——美容費事情

飼い主さんからよく聞く言葉があります。それは、**「自分の美容室代よりも、ペットのトリミング代のほうが高い」**というものです。たしかに、飼い主が美容室に行くペースとしては2~3ケ月に1回くらいでしょう。それに対して、犬種によっては毎月トリミングサロンに行くケースがあるので、ペットのほうが高い場合も多いかもしれませんね。ペット保険のアニコム損害保険株式会社のアンケート調査（2023年）によると、ペットにかける「シャンプー・カット・トリミング料」は、**いぬの場合で年間4万8200円、ねこの場合で2814円**になっています。圧倒的にいぬのほうがかかりますね。

特にいぬのなかでも、プードル系は毛が伸び続ける犬種なので、定期的なトリミングが必要になり、年間約7万3000円もかかるという結果が出ています。

トリミングサロンは、毛のカットやセットだけではなく、**シャンプーのみとか爪切りや肛門絞りなど**もやってくれますので、近くのトリミングサロンを調べて、無理のない程度で、定期的に通うのもいいかもしれません。

少しでも節約したいという場合は、シャンプーや爪切り、肛門絞りなど、自宅でできることにチャレンジしてみてもいいでしょう。

▼学生さんのモデル犬になろう！

また、家の近くに**動物関係の専門学校など**があったらラッキーかもしれません。なぜかというと、そのような学校は生徒の実習に使用するモデル犬を募集している場合があるからです。

モデル犬に選ばれると、生徒たちがそのモデル犬を使って、実際にトリミングをしたり、シャンプーをしたりしてくれます。もちろん飼い主がその学校まで連れて行かないといけませんが、無料できれいにしてくれますので、とてもお得です。ただ、実習のタイミングは外部からはわからないので、常にアンテナを張っておく必要があります。たくさんの生徒たちに囲まれた実習なので、いぬも社会性を身につける機会になるのでおすすめです。

いずれにしても、**ペットの健康は飼い主のメンテナンスにかかっています。**日頃からペットたちを清潔に保つよう心がけましょう。

やっぱり気になる医療費事情

▼医療とワクチンでかかる費用

動物病院はすべて自由診療ですので、診療費は動物病院の規模や設備によって違います。ペット保険のアニコム損害保険株式会社（2023年）によると、**年間の「ケガや病気の治療費」**は**いぬの場合で5万6134円、ねこの場合で3万6617円**という調査結果が出ています。

なぜねこの医療費のほうが低いのでしょう。それは、**いぬよりもねこのほうが体が丈夫**だからです。そして、ねこはいぬに比べて俊敏で、**しかも柔軟性があるので、ケガのリスクが低い**という点があります。また、いぬは散歩で外を歩くので、肉球のケガや拾い食いなどの危険が伴います。

これに加えて、**いぬは毎年狂犬病のワクチン接種が法律で義務付けられています**。前述と同じ調査によると、「ワクチン・健康診断等の予防費」として年間の費用は、いぬは3万4154円、ねこは1万3504円となっています。

ペットサロンやペットホテル、ドッグランなどでは、狂犬病のワクチンのほかにも混合ワクチンを接種していないと利用できない施設もあるので、ワクチン接種は必須になりますね。

ちなみに、ねこは狂犬病のワクチン接

種は法律上任意になっています。

ねこは基本的に室内飼育なので、混合ワクチンを接種する必要がないと考える飼い主が多いようです。

このようなことからも、ワクチン接種だけでも年間で2万円程度の違いが出てきます。

▼日頃から健康をチェックしよう

最近では、ペットの日頃の健康チェックをするために、ペットの体の周波数を測り、健康状態がよいときの周波数と現在の周波数を比べ、弱っている部分を可視化してくれる「ドッグスキャン®」(株式会社トントゥシステム)というサービスや水素ガスを吸入することで、活性酸素を除去し、毛細血管の血流が改善すると言われている超高濃度水素ガス生成器「ドクター水素ボトル+(プラス)®」(WOO株式会社)など、さまざまなサービスや健康器具が登場しています。

日々の健康状態を気にしてあげることで、ペットが元気に過ごしてくれますし、医療費も抑えられるかもしれませんね。

福岡県　ロビン

必ず訪れる最期のとき
――終活費用

ペットとの最期の別れは、飼い主にとって非常につらいことですが、きちんと看取って供養してあげることが、飼い主としての最後の責任とも言えます。

そこで、気になるのが、**ペットの終末医療から供養にかけての費用**です。

最近では、獣医療の発展に伴い、高度な治療が可能となり、どこまで治療を受けさせてあげたらよいのか、最後まで悩む方も多くいると思います。当然、高度な治療になればなるほど、治療費は高額になります。

▼高度な治療が本当にしあわせか？

ここで飼い主として考えないといけないことは**「動物福祉」**の観点です。動物福祉とは**「飼い主がペットを飼育する上で、そのペットが受ける痛みや苦しみを最小限にすること」**と解釈されています。

終末医療がペットに痛みや苦しみを与えてしまうことになるかもしれません。飼い主の一方的な想いだけで苦しい治療をさせるよりも、痛みや苦しみを少しでも和らげて、家族と一緒に過ごさせてあげるほうが、ペットにとってしあわせかもしれません。

まずは**どのような最期を迎えてあげることがペットにとって一番しあわせかを考え、決めておく**ことが大切です。その方針に従って、最期まで愛情を注いであげましょう。

▼火葬とお墓

　続いて、火葬から供養についてですが、火葬については、**「訪問火葬」と「霊園火葬」**の2種類があります。訪問火葬とは、自宅まで火葬車が来て、自宅からお見送りができる火葬です。火葬費の相場としては、10kgの個体で1万5000円～3万円くらいです。料金やサービスも各社で異なります。

　霊園火葬とは、ペット霊園の施設内で火葬してもらうことです。火葬費の相場としては、3万円～4万円です。訪問火葬に比べて割高ですが、長く携わっている霊園が多いので安心です。しかし、郊外が多く、移動手段がない方には不向きかもしれません。

　いずれも火葬が終わると、**遺骨を骨壺に入れて自宅に持ち帰り、自宅で供養**しますが、人間のように納骨堂やお墓に納骨する場合もあります。費用は、数万円～数十万円と、とても開きがあるので、各ペット霊園のプランをいろいろと調べてみましょう。

あったら便利！今どきのペットグッズをご紹介

今や日本のペット関連市場はどんどん拡大しており、２０２３年度の**市場規模は1兆8629億円となり、2兆円に届こう**としています（矢野経済研究所）。便利な商品も次々と開発され、いちだんとペットライフが快適になってきていきます。それでは、早速、著者おすすめの便利グッズをご紹介しましましょう。

▼散歩のストレスを解決

まずはいぬのグッズからご紹介します。いぬと言えば、散歩ですよね。いぬとの散歩は日頃の疲れを癒してくれるリラックスタイムです。しかしそのリラックスタイムになるはずの時間がストレスタイムになってしまうことがあります。それは、**「いぬの引っ張り」**です。

体力に自信がない女性や50代以上の飼い主は気になるのではないでしょうか。引っ張り行為がなかなか改善しないから、しつけ教室に通わせている飼い主も少なくないと思います。

そこで、朗報です。いぬの引っ張りをすぐに改善してくれるグッズが、米国のペットセーフ社が開発した**「イージーウォーク®ハーネス」**です。このイージーウォークハーネスは、いぬの習性を活かした特殊な構造のハーネスで、**装着しただけで引っ張りが止まる不思議なハーネス**です。見た目は、ほかのハーネスと変わらないのですが、引っ張り防止効果は抜群です。

▼「破れない網戸」で脱走防止

続いてねこのグッズですが、ねこを飼っていて心配なのが**脱走**です。ぽかぽか陽気のときに、自然な風を部屋に通すために網戸にしていたら、ねこが網戸を破って脱走してしまったという話はよく聞く話です。このような事故を未然に防ぐ優れもの、それが株式会社長尾木鋼が提供している**「ソリッドフロー®」**という商品です。別名「破れない網戸」と言われており、**もともと防犯用の網戸**として開発された商品で、チェーンソーでも破れない最強の網戸です。この強度を知ったねこの飼い主が、「これは脱走防止にいい！」ということで、少しずつ広まっている商品です。通常の網戸に比べて価格は高いですが、換気と防犯と脱走防止の三役を担っていることを考えると検討の余地はあるかもしれませんね。

そのほかにもさまざまな便利グッズはありますが、わが子の特性や住環境に合わせて、飼い主もペットも快適に暮らせるグッズ選びをしてみてください。

Column

ペット保険って本当に必要なの？

人間の場合は、健康保険に加入しているので、病院にかかっても治療費の自己負担分（現役世代なら3割）のみで、さまざまな治療を受けることができますが、ペットの場合は、全額飼い主の負担になります。

さらには、動物病院の規模や設備によって診療費や投薬費用が異なります。もし、重い病気やひどいケガをした場合は、とても高額な治療費が必要になるでしょう。

そのようなときのために加入するのがペット保険です。ペット保険に加入したほうが「得」とか「損」とか、世の中には両極端な意見がありますが、そもそも保険というものは、「相互扶助の精神」に則っていますから、飼い主のなかには、「得」をしたと感じる方もいれば、「損」をしたと感じる方もいるかもしれません。これは仕方のないことです。

一番大切なことは、「得」とか「損」とかではなく、保険に加入することで、飼い主としてどれだけ「安心」を得ることができるのかという点です。

いわゆる「安心代」としてペット保険を考えたほうがいいかもしれませんね。

さらに飼い主として考えないといけないことは、病気にならないような体をつ

Column

くってあげるという点です。やはりペットも人間と同じように、日頃の生活習慣によっては大きな病気を患ってしまいます。ペットの健康はすべて飼い主にかかっていますので、日頃からペットの健康に気を使ってあげましょう。

日頃からペットの健康に気をつけていれば、重い病気になりにくくなるので、ペット保険の保険料も節約できる可能性があります。そして、その節約したお金でよりよいごはんを与えてあげるほうがよいのではないでしょうか？

保険会社によっては、さまざまな特約を用意しています。特約それぞれの保険料は安いですが、積み上がれば、毎月の保険料は相当な金額になってしまいます。いろいろな話を聞くとどんどん不安になると思いますが、ある程度のところで覚悟を決めて、保険に加入することをおすすめします。ある飼い主さんは、最低限の保障だけ保険に加入して、毎日の１００円玉貯金をペット資金にあてているそうです。いろいろな側面から検討して、ペット保険を考えましょう。

5章

さあ！ペットとのしあわせ充実ライフをはじめよう！

家族を迎え入れる準備は万端ですか？

1章から4章まで読んで、心の準備から お金の準備まで、ある程度はご理解いただいたのではないでしょうか？ **これから運命的な出会いを果たし、ついに新しい家族を迎える**ときがくることに、ワクワクドキドキされていると思います。

実際にはもう少し準備が必要です。新しい家族を迎えた後に、「もっと早く知っていたらよかったのに」「こんなこともやっておかないといけなかったの!?」と、あたふたするよりも、きちんと準備することで、**気持ちにゆとりを持つ**ことができます。もちろん、迎えた後に初めて聞くこともたくさんありますが、そのときは焦らずじっくり対応すれば大丈夫です。

ということで、次の項からは、**迎える直前に知っておきたいこと**から、**迎えた後に役に立つ情報**までお伝えしたいと思います。細かいことはあげるときりがありませんので、本書では必ず知っておきたい情報に絞ってご案内します。

部屋のなかには危険がいっぱい！ ペットの視線で整理整頓を

▼生活圏をしっかり見渡そう

飼い主の生活圏に、新たにペットを迎える際、どのような飼育環境を想定されているでしょうか。基本的には、飼い主が不在のときは、いぬ用サークルやねこ用ケージ内でお留守番をさせて、飼い主がいるときだけフリーにする場合が多いと思うのですが、この**フリーにする際にさまざまなトラブルが発生する**ので、じゅうぶんに注意をしましょう。

いぬの場合ですが、一番多いトラブルは、**誤飲のトラブル**になります。誤飲後しばらく経って、いぬ自身で異物を吐き出す場合もありますが、誤飲したまま時間が経ってしまうと、食道や胃を傷つけたり、さらに腸まで達すると腸閉塞を起こしたりしてしまい、開腹手術をしないといけない事態が起こります。

また、飼い主が処方された人間用の薬を大量に誤飲してしまうトラブルもあり、最悪は命を落とす事故につながってしまうので、日頃から注意が必要になってきます。

それでは、どのような注意が必要なのでしょうか？　それは、**いぬが届く範囲に「口に入るサイズのもの」を置かない**ということです。これはいぬの大きさによって異なりますが、飼い主の視線ではなく、いぬの視線に合わせてものを置かないようにしましょう。特に飼い主の腰から下に何かを置く場合は注意しましょう。

ねこの場合、ねこは機敏でジャンプ力があるので、部屋中のどんな高いところでも飛び移ることができます。ゆえに、**棚の上のものを当然のように落としてしまう**ので、壊れやすい雑貨や細かいものは置かないように心がける必要があります。

さらに、一般的な植物のなかには、**ねこに対して強い毒性を持つもの**もあるので、注意しましょう。特に**ユリ科の植物**は非常に危険です。花粉が少し口に入るだけで、命に関わるような事態に陥ることもあります。ですから、ねこの健康のことを考えると、室内に植物を飾ることはしないか、もしくはしっかり調べて、対策を講じておきましょう。

このようにペットたちは自分の本能のままに活動しますので、ペットを家のなかでフリーにする場合は、放任するのではなく、**ペットたちの動きを見守る**必要がありますね。

ペットショップから迎え入れる

▼NO！　ひと目ぼれ

ペットショップから家族を迎える場合、**絶対にしてはいけないことは、「ひと目ぼれ」で即決すること**です。

もちろん「運命」を感じる瞬間があるかもしれません。しかし「即決」だけはやめてください。なぜかというと、いぬ・ねこ、それぞれの種類によって、性質が違うからです。

ペットショップにいる子たちは、すべてこいぬ・こねこです。こいぬ・こねこは小さいし、従順だし、甘えてきます。その姿を見ただけで、「キュン！」となり、**その状態が将来もずっと続くと思いがちですが、それは大間違い！**　成長するにつれ、どんどんその子の本性があらわになってきます。

このとき、**「最初にイメージしていた子じゃない」**ということで、愛情が薄れ、飼育放棄につながるパターンが多いのです。このような事態にならないように、事前に犬種や猫種ごとの習性を調べておきましょう。

次に注意してほしいことは、**ペットショップ内での飼育環境**です。狭いショーケースで長時間展示しているとか、おしっこやうんちが放置されたままとか……。このようなペットショップは、ペットたちを「売る」ことしか考えていません。さらに劣悪な環境で飼育された子のなかには、**すでに感染症にかかっていたり、栄養失調になっていたり**と、さまざまなトラブルが起きる可能性もあるので注意しましょう。

最後に注意してほしいことは、**販売員のペットに対する知識と責任感**です。百貨店で洋服やアクセサリーを販売しているように、「かわいいですよね!」「すごくお似合いですよ!」といった販売トークをしてくるペットショップは避けたほうがいいです。

逆に、いいことだけではなく、ペット本来の性質や飼い主の負担になる注意事項をしっかりと説明してくれる販売員もいます。このような販売担当者がいるペットショップは、ペットたちを「もの」ではなく、大切な「命」として捉えていて、ペットショップとしての**「販売ポリシー」**を持っています。

このようなペットショップであれば、家族として迎えた後でも、相談に乗ってくれるので、とても安心ですよね。ペットショップを自分の目でしっかり見定めて、ご自身のベストパートナーに出会いましょう!

ブリーダーさんから迎え入れる

▼ブリーダーの仕事とは

ブリーダーにはさまざまなタイプがあります。多品種をブリーディングしているところや副業的に個人宅でブリーディングしている方、そして1種類の犬種・猫種に絞り専門的にブリーディングしているところなどです。

そもそもブリーダーという仕事は、**いぬやねこを繁殖させて、それを流通させる仕事ではありません。**ブリーダーにはとても重要な役割があります。それは、**対象となる犬種・猫種の品種標準に合致するような、血統書付きのこいぬやこねこを計画的に繁殖させること**です。

これには、いぬ・ねこ本来の容姿や性格、そして健康を保つことも含まれます。まさに種の保存と伝統の継承です。

もしすでに家族として迎えたい犬種や猫種が決まっているなら、ブリーダーとしてのプライドを持ち、いぬ・ねこにじゅうぶんな愛情を注いでいるブリーダーさんから迎えてください。

▼ブリーダーを探す

それでは、そのような信頼できるブリーダーさんと出会うには、どうしたらいいでしょうか？　それには情報収集です。ネットやクチコミなどで、ブリーダーとしての経験や知識、そして何といっても、施設の環境を調べましょう。できれば、**現地まで足を運び、直接ブリーダーさんと話す**ことをおすすめします。

ブリーダーさんと話をすることで、その品種の特徴や先天的な疾患、そして飼育するうえでの注意点など、いろいろと教えてもらえます。

しかし、このようなブリーダーは、**計画的にブリーディングしている**ので、すぐにこいぬ・こねこを家族として迎えることができないかもしれません。なかには数年待ちというところもあるくらいです。でも信頼できるブリーダー出身の子だったら、安心して家族として迎えることができますよね。

ぜひブリーダー探し自体を楽しんで、運命的な出会いを果たしてください。

保護犬・保護猫を迎え入れる

動物愛護活動が盛んになっていることから、いぬやねこを家族として迎える場合の選択肢として、里親になることを選ぶ人が増えてきています。里親になるには、**里親の家族構成や年齢、そして生活環境など、いろいろなヒアリングの結果、愛護団体の譲渡基準をクリアしていたら、トライアル期間を経て、晴れて家族として迎える**ことができます。

一見、とても面倒くさいと思われるかもしれませんが、この過程はとても重要な過程です。保護団体は殺処分されるかもしれない子たちを保護して、次こそは優しい飼い主さんのもとで安心して暮らしてほしいという気持ちで里親を探しています。だからこそ、厳しい基準を設けて、**「この人なら大丈夫！」と思った人に譲渡したい**んです。それぐらい真剣に動物保護をされているんですね。

▼大人のいぬ・ねこをおすすめする理由

譲渡会では、こいぬ・こねこを希望する方が多いのですが、**初めて迎える方におすすめなのは、実は、大人のいぬ・ねこ（成犬・成猫）**です。なぜおすすめなのかというと、保護団体のボランティアの方たちによって、すでに人慣れをしているからです。こいぬやこねこは小さくてかわいいですが、一からしつけをしないといけないですし、とにかく元気いっぱいなので、お世話はとても大変です。

一方、大人のいぬやねこは、すでにしつけが完了しており、大人なので、動きも落ち着いています。さらにボランティアの方がどのような性格かわかっているので、お世話に関する引き継ぎがしやすいのです。ぜひ大人の子を迎えることも選択肢のひとつに入れてみてください。

MEMO

譲渡会の場合、多くの団体は譲渡費用を請求します。これには、避妊・去勢の手術代やワクチン接種料などが含まれます。金額は団体によって違いますが、譲渡費用がかかることを知ったときに、「もらってあげているのに」と心ない言葉を発する里親希望者がいます。これは間違いです。ボランティアの方は手弁当で、ときには身銭を切って活動されています。「命を救いたい」という一心なのです。最低限の費用しか請求していないので、里親になる場合はその活動を応援する気持ちを込めて譲渡費用を支払うようにしましょう。

ねこは脱走名人！ 逃走ルートを封鎖せよ！

ねこは、いぬほど帰巣本能がないので、いったん脱走してしまうと、見つけることが非常に困難です。

ねこは自分の顔幅程度の隙間があれば、すり抜けることができます。さらに、それよりも狭い窓の隙間であっても、前足をうまく使って脱走してしまいます。まさに脱走名人です。

▼脱走の理由を考えよう

ねこの脱走にはいろいろな要因があるようです。要因のひとつ目としては、ねこが非常に**好奇心旺盛な動物**だという点です。部屋のなかから外の景色を見ていて、何か楽しそうなものを見つけると、好奇心に駆られて脱走を試みるようです。特に元野良ねこの場合は、外の刺激を求めて脱走したくなるようです。

要因の2つ目としては、**発情期**です。避妊・去勢をしていないねこは、発情期になるとパートナーを求めて脱走を試みます。もし繁殖をさせる予定がないのであれば、避妊・去勢手術も対策のひとつかもしれません。

最後に要因の3つ目ですが、ねこが抱える**ストレス**です。ストレスにもさまざまありますが、**生活環境の変化や運動不足**などが考えられます。対策としては、日頃から遊んであげて、ストレス解消させてあげることが大切かもしれませんね。

小型のGPS付きの首輪も販売されているようなので、備えておくと安心ですね。

▼脱走には対策ありき

このようなねこの要因を理解したうえで、逃走ルートを封鎖する必要があります。逃走ルートとしては、まず**玄関**です。玄関の扉が開いた瞬間に、狭い隙間をすり抜けて脱走してしまいます。これを防ぐために、部屋に閉じ込めてから玄関に向かうのが最善の策でしょう。

次に気にしないといけない脱走ルートは、**部屋の窓**です。特に網戸は注意する必要があります。部屋の換気をするときは、ねこをケージに入れるように心がけましょう。

しかし、どんなに注意をしていても、ちょっとした隙をついて脱走するのが脱走名人です。万が一脱走しても、すぐに見つけることができるように、迷子札や

新しい家族がやって来た！ まずは飼い主変更届を

▼まずは手続きをしよう

こいぬやこねこをブリーダーやペットショップから迎えた場合、原則として、**マイクロチップ**が装着されています。飼い主は**所有者情報をご自身の情報に変更**する「変更登録」を30日以内に実施しなければいけません（環境省「犬と猫のマイクロチップ情報登録」ホームページから手続き可能）。

変更登録には、「登録証明書」が必要になりますが、この登録証明書はブリーダーやペットショップから渡されます。

変更手続きは、用紙による申請とオンライン申請があり、用紙での申請は変更手数料として1400円、オンライン申請の場合は割安で、400円となっています。

いぬの場合は別途、成犬の場合は迎えた日から30日以内、こいぬの場合は、生後90日を経過した日から30日以内に住んでいる**市区町村役場へいぬの登録申請**（登録料3000円程度）をしなければなりません。この登録に関しては、いぬの死亡、所在地の変更、いぬの所有者の変更の場合にも30日以内に行なわなければなりません。

いぬの登録申請を行なうと、いぬの所有者に鑑札が交付され、常時いぬに着けておかなければなりませんが、狂犬病予防法の特例制度に参加している市区町村では、マイクロチップの登録を行なえば、マイクロチップが鑑札とみなされるので、市区町村役場へのいぬの登録申請が免除されるようになっています。詳しくはお住まいの市区町村へお問い合わせいただくか、環境省「狂犬病予防法の特例制度に参加する市区町村一覧」をご確認ください。

また、いぬは年1回の狂犬病の予防注射が必要です。予防注射を受けると、注射済票が交付され、これをいぬの首輪等につけておかなければなりません。狂犬病の予防注射を受けておかないと、ドッグランやペットサロンなどの利用ができない場合があるので、必ず接種するようにしましょう。

MEMO

保護犬や保護猫を迎え、マイクロチップを装着していない場合は、動物病院で新たにマイクロチップを装着してもらえます。装着費用は3000円～5000円が相場です。マイクロチップの装着は努力義務なので、決して強制ではないですが、首輪や迷子札のように外れて落ちる心配がありませんので、確実に身元証明をするためにも装着をおすすめします。

マイクロチップって何？

▼まずは手続きをしよう

マイクロチップとは、簡単に言うと**体内に埋め込む迷子札**のようなものです。専用のマイクロチップリーダーをかざすと、ペットの所有者情報がわかるようになっています。

マイクロチップは、**長さ8～12ミリ程度、直径2ミリ程度の円筒型の電子標識器具**で、指先にちょこんと乗るくらいの非常に小さな「電子タグ」です。

埋め込むと言うと、「何か体に異常が出るんじゃないか？」とか「異物を体に埋め込むなんてかわいそう」と思うかもしれませんが、一切心配することはありません。マイクロチップの装着による副作用などは報告されていないようなので安心ですね。

なぜマイクロチップを装着しないといけないのでしょうか？　それは、令和元年に公布された改正動物愛護管理法によって、**マイクロチップの装着がペット事業者に対しては義務に、飼い主に関しては努力義務**となったからです。そして、マイクロチップの装着により、ペットが脱走して、愛護センターに保護されたとしても、速やかに飼い主のもとへ帰すことができます。

さらに、悪質なペット事業者が、繁殖に適さない子たちを山などに放置した際、その後、その子たちを保護することができたら、その**悪質なペット事業者を特定**し、厳正な行政処分を速やかに行使することができます。

日本においてのマイクロチップの義務化は最近ですが、欧米では１９８０年代から導入されています。

福岡県　テレサ

避妊・去勢手術って必要なの？

▼避妊・去勢のメリットを知る

こいぬやこねこを家族として迎えたときに、ネット記事や先輩飼い主から避妊・去勢手術はしたほうがよいとすすめられるものの、小さい体に「メス」を入れることに非常に抵抗を感じる飼い主はとても多いです。

避妊・去勢手術のメリットとデメリットをしっかり理解したうえで、最終的な判断をするようにしましょう。それでは、まず避妊・去勢手術のメリットからご紹介していきましょう。

【メリット①】

メリットとしてよく言われていることのひとつ目は、**病気の予防につながる**ことです。

例えば、メスでは乳腺腫瘍（乳がん）や子宮・卵巣の病気、オスでは精巣や前立腺の病気などの予防になるとされています。特にメスの場合は、繁殖をさせる予定がないのであれば、命に関わる重い病気を予防できるので、避妊手術が推奨されているようです。

【メリット②】

性別による独特の行動やストレスを抑えることができます。

メスに関しては発情期がなくなるため、発情出血（生理）がなくなり、性的なストレスが軽減され、**発情に伴う体調変化やストレスからも解放**されます。

オスに関しては、マーキングやマウンティング、遠吠え、ほかの子たちとのケンカなど、**本能に基づく問題行動が改善される可能性**があります。オス本来の攻撃性が抑えられ、おとなしくなるとも言われています。

ただし、これらの行動については、かなりの割合で抑えられると言われていますが、去勢する時期によっては効果が低い場合もあるようなので、タイミングなどは獣医師に相談しましょう。

▼避妊・去勢のデメリット

続いて、避妊・去勢手術のデメリットをご紹介しましょう。

【デメリット①】

避妊・去勢手術中のリスクです。避妊・去勢手術は全身麻酔を使用するので、体に相当な負担を強いることになります。もちろん副作用のリスクもありますので、術中術後のリスクをちゃんと理解しておく必要があります。

【デメリット②】

生殖機能部分を除去するので、ホルモンバランスを崩してしまい、**基礎代謝が低下**します。そして、基礎代謝が低下するにもかかわらず、食欲が増しますので、**肥満体になる傾向**があります。実は肥満はさまざまな病気を誘発させてしまうので、日頃からの食事制限・管理が必要になってきます。

【デメリット③】

独特の本性を失ってしまう――。これは特にいぬのオスの場合ですが、去勢すると、オス本来の「たくましさ」「オスらしさ」というものがなくなってしまいます。これはメリット②と裏腹の関係になります。攻撃性が抑えられ、おとなしくなるので、飼いやすいと感じるかもしれませんが、いぬ側から見ると、オスとしての自信をなくしてしまい、おとなしくせざるを得ない状況になっているとも言えます。

いかがだったでしょうか。避妊・去勢手術は、必ずしないといけないわけではないので、メリットとデメリットをあらかじめ理解し、飼い主とペットにとって最適な選択をしていきましょう。

かかりつけ医に
相談してみる
のもよいですね

いぬの「社会化」に取り組もう

「いぬの社会化」とは、**日常のいろいろな音や場所、そして人やほかのいぬなどに慣れさせて社会性を身につけること**です。

いぬは初めて聞く音や初めて見るもの、そして知らない人やいぬに出会ったときに、強い恐怖心と警戒心を抱きます。その警戒心から怯えたり、吠えたりといった行動を取ることがあります。

この状態が続くと、いぬも飼い主もストレスになってしまいます。恐怖心や警戒心が強く現われる前のこいぬ時代に社会性を身につけることが重要で、ある程度大きくなってから社会性を身につけようとすると、時間と労力がかかると言われています。しかし、すでに成犬と暮らしている方も遅くないので、役に立つ知識をつけておきましょう。

▼社会性を身につける3つのポイント

社会化させる第一歩は**「家族」**と慣れさせることです。人と遊ぶことを通じて、**「人と遊ぶことは楽しい」**と認識させることが重要です。

こいぬであれば、すぐに慣れてくれますが、保護犬や成犬で、すでに人に対して恐怖心を抱いている場合は、少しハードルが上がるかもしれません。その場合は、人の年齢や性別で警戒心の抱き方が変わることもあるので、いろいろな人で試してみましょう。
その子の性格に合わせ、焦らず少しずつ慣れさせて、**家族の次は、近所の方、次に友達のように広げ**、人間とのふれあいを楽しませましょう。

次の一歩は**「ほかのいぬ」**です。ほかのいぬに対して興奮しすぎたり、警戒心を抱いたりしないように慣れさせておくことも重要です。そこでのポイントは、**いぬ同士が落ち着いてあいさつできるかどうか**です。

いぬのあいさつは、お互いのお尻をクンクン嗅ぎあう行為です。最初はしっぽをたらしてうまくできないかもしれませんが、少しずつ慣れていくと、しっぽが上がってきて、スムーズにあいさつができるようになります。

このときに注意をしないといけないのは、**相手の飼い主に社会化のトレーニングをしていることを伝え、お互いリードをつけながら行なう**ことです。まずはドッグランに行って、リードをつけながらいろいろなわんちゃんと接することも有効かもしれませんね。

最後に**「生活音」**です。いぬは人間の4倍の聴覚があると言われているので、日頃から生活音に慣れさせておく必要があります。

もし、いぬがある生活音に反応して、何かしらの拒絶反応を起こしたら、**そっと寄り添って、「大丈夫。大丈夫」と落ち着かせてあげる**と、いぬも少しずつ警戒心がなくなり、ストレスなく生活できるようになると思います。

このようにいぬに社会性を身につけるのは**根気のいる作業**になります。しかし、50代以上になって、初めてこいぬを家族として迎える方がよく陥る落とし穴が、この社会性を身につけさせることを「かわいそう」と思ってしまうことです。

ときとして、慣れない人やいぬ、そして聞いたことのない音に触れると、いぬはとても怯えるかもしれません。しかし、それは人間といぬが共生していくには、とても重要なことですので、愛犬が社会性を身につけるまでの間は、少しだけ毅然とした態度で取り組みましょう。

千葉県　グレース＆フィル

わんことにゃんこの知っておきたい病気と予防

▼一番怖い狂犬病

ペットの病気のなかで、**一番怖い病気は狂犬病**です。狂犬病は、狂犬病ウイルスを保有したいぬやねこ、コウモリを含む野生動物に**かまれたり、引っかかれたりしたとき、その傷口からウイルスが侵入し**、人間にも感染してしまう人獣共通感染症です。しかも、発症した動物も人間も致死率１００％というおそろしい病気です。

日本では１９５７年以降、狂犬病の発生報告はなく、狂犬病の撲滅に成功していますが、人間も動物も国際的に往来している現在は、海外からの狂犬病の侵入のリスクは高まっており、今後日本で発生しないとは言い切れません。

そのためにも、年に1回の狂犬病のワクチン接種は必ず行なうようにしましょう。これは、家族を守る責任のひとつになります。

▼ひどいかゆみから身を守る！

マダニやノミからの予防も必要です。マダニやノミは動物や人間の体の表面から血液を吸う小さな吸血性節足動物です。

散歩中にいぬが**草花の茂みに入り込んだときに体に寄生して、目や耳のまわりを吸血**します。もちろん外に出てしまうねこにも寄生します。

マダニやノミに血を吸われると、ひど

いかゆみに見舞われ、皮膚炎だけではなく感染症を起こす原因となります。

マダニやノミは暖かくなると活発になるので、**春先あたりに動物病院で予防薬を処方してもらう**のが一般的です。

実はこの予防策は、愛犬や愛猫だけのものではなく、マダニやノミが、人間にも感染するＳＦＴＳ（重症熱性血小板減少症候群）を媒介する可能性もあるので、飼い主のためにも必要な予防策です。

▼フィラリアも薬で予防！

最後にフィラリア症です。フィラリアは、**蚊を媒介としていぬやねこの心臓や肺動脈に寄生する**寄生虫が起こす病気です。フィラリアが寄生すると血液の流れが悪くなり、元気がなくなったり、せきを頻繁にするようになったり、痩せてきたりと、さまざまな症状がでてきます。

この症状が進行すると、おなかが膨らんできたり、赤みを帯びた尿をするようになり、放置すれば死に至ることもあるそうです。こちらも動物病院で予防薬を処方してもらいましょう。

愛知県　ポップ＆ラナ

わんことにゃんこの知っておきたい応急処置

今まで元気に遊んでいたペットが、突然発作を起こし、心肺停止するというおそろしいトラブルがあります。これにはさまざまな要因がありますが、飼い主にとっては突然のことで、パニック状態になるでしょう。しかし、飼い主がパニック状態になってしまうと、助かる命も助かりません。飼い主として、緊急事態に備えて準備が必要です。

▼冷静に、かつ迅速に

ペットが突然心肺停止状態になったら、時間との勝負です。**1秒でも早く動物病院に連れていくことが最重要ミッション**になります。それでは、そのとき飼い主はどのような行動を取ったらよいでしょうか。

まずは、**飼い主自身が冷静になって、ペットの反応を確認する**ことです。手を叩いたり、ペットの名前を呼んだりしてペットの反応を確認します。そして、動物病院への連絡とタクシーの手配をします。かかりつけの動物病院があれば、まずはそこに連絡を入れます。もし夜間などで連絡が取れない場合は、夜間でも対応する動物病院に連絡を入れます。

ここでのポイントは、**夜間受付をしている病院を事前に調べて、連絡先を携帯電話に登録しておくこと**です。ペットが瀕死の状態になってから調べていたら、遅すぎます。

動物病院へ連れていく場合は、自分ひとりで連れて行かないほうがいいでしょう。なぜかというと、搬送中でも心肺マッサージをすることで、助かる確率が上がるからです。もし運転できる家族や友人がいたらお願いしましょう。

動物病院と搬送手段が決まったら、すぐに心臓マッサージと人工呼吸を実施します。これは動物病院に引き渡すまで続けます。


この一連の流れは、初歩の初歩です。もっと詳しく応急処置の知識を得たい方は、一般社団法人日本国際動物救命救急協会が提供している**「ペットセーバープログラム」という講習会**があるので、参加してみるとよいでしょう。

災害に備えて、どんな準備が必要？

もしもみなさんの住んでいる地域で、大規模な自然災害が発生したら、ペットと一緒にどのように避難するか想定されているでしょうか。

これまでも大きな災害の後には、ペットが被災地に取り残されたり、ペットと一緒に避難したいけれど、どこに避難したらいいのかわからなかったり、さまざまな問題が発生してきました。

飼い主として、まずは**自分自身の身の安全を確保しながら、ペットの安全を確保する**必要があります。そこで、どのような準備が必要なのかを説明していきましょう。

▼具体的に考えておこう

もし災害が発生したら、**どこに避難するかを事前に決めておく**ことが重要です。

各自治体が設置する避難所がある場合は、そこが**ペットの同行ができるかどうかも事前に調べて**おきましょう。

避難用の荷物の準備もしましょう。人間用の防災グッズは販売されていますが、**ペット用の防災グッズ**はあまり販売されていないので、飼い主で準備する必要があります。

まずは、**ペットの命に関わるものを優先的に準備**します。

例えば、いつも処方している薬や療養

食、そして1週間分のフードと水。フードはできるだけ真空パックにされているものがいいですね。そして、キャリーバックやケージと予備の首輪とリードなど。ほかにも飼い主の判断で必要と思ったものを準備しておくと安心ですよね。

そして、災害が起きる前に必ず準備しないといけないことがあります。それは、ペットに対する**「しつけ」**です。せっかくペットと一緒に避難できたとしても、ケージのなかで吠え続けてほかの避難者の迷惑になってしまうと、避難所から退去しないといけない可能性もあります。このような事態にならないように、日頃からのしつけは大切になります。

私たちが住んでいる日本は、災害大国です。いつどこで自然災害が起きてもおかしくないので、自分とペットの命を守るためにも、日頃から災害を想定して準備しておくことが大切です。

「ウチの子カード」を常備しましょう

飼い主として、自分に「もしも」のことが起きた場合に、遺されたペットをどのように保護してもらうのかということを意思表示するものが必要です。それが「ウチの子カード」です。

「ウチの子カード」に必ず記載する内容は、**①自分の名前、②ペットの種類、③ペットの頭数、④ペットを救出してくれる方の氏名と緊急連絡先**の4項目です。

この情報を**免許証サイズの紙に書いて、お財布に入れて常備する**ことをおすすめします。

飼い主が突発的な事故や病気で病院に救急搬送された際に、このカードを常備していれば、**ペットが長期間放置されることなく迅速に保護される**でしょう。

もちろん、自宅の近くに家族がいる場合は、家族がペットを保護してくれるかもしれませんが、なかには家族が遠方とか、近しい家族がいないとか疎遠になっているなど、さまざまな家庭事情があると思います。自分の環境を考えて「ウチの子カード」を作成して常備しましょう。

特に、ひとり暮らしの方や夫婦だけの家族には実行していただきたい対策です。

この「ウチの子カード」は、肌身離さず常備するだけではなく、自宅の部屋の一番目立つところに掲示することもおすすめします。
それはなぜかというと、在宅中に体調が急変して倒れたり、自宅で最期を迎えてしまった場合、「ウチの子カード」を掲示していれば、遺されたペットを保護してくれる方に連絡がいき、迅速にペットの保護ができるからです。

「ここまでしないといけないの？」と思われる方もいらっしゃるかもしれません。でもよく考えてみてください。**ペットは飼い主がいないと生きていけない**のです。自分が面倒をみることができないのであれば、ペットの命を守るために、速やかに**「命のバトン」**をつなぐ必要があります。これも飼い主としての大切な責任なのではないでしょうか。

●「ウチの子カード」見本

ウチの子カード

飼主氏名

ペットの種類　犬　猫　その他（　　　）

ペットの頭数　　　頭

緊急連絡先（氏名）

緊急連絡先（電話）

※このカードは認定NPO法人ピーサポネットのホームページからダウンロードできます。

Column

譲渡会での「60歳の壁」問題

全国各地の動物愛護団体では週末を利用していぬ・ねこの譲渡会を開催しています。そこには、殺処分寸前でボランティアの方が救出した子や、飼い主が急逝亡くなって身寄りがなくなってしまった子、そして飼い主からネグレクトされた子など、さまざまな事情の子たちがたくさんいます。

最近ではペットを家族として迎える選択として、里親になることを選ぶ飼い主も多くいるため、譲渡会自体はたくさんの方が来場されるようです。

しかし、里親を希望した方がすべて里親になれる訳ではありません。

各団体は、里親の生活環境や経済状況そして家族構成など、里親として問題ないかどうかの譲渡基準を設けて、里親になりたい方を審査しています。

なかには、「里親になってあげるんだから、そこまで厳しくしなくても……」と思う方もいるでしょう。しかしこの譲渡基準というものは非常に重要なものです。

なぜならば、今保護しているいぬやねこたちに、もう二度と同じような悲しみを味わわせたくないという各団体の強い思いがあるからです。だから時間をかけていぬやねこを送り出しているのです。

Column

一方で、今後検討しなくてはいけない譲渡基準は年齢の基準です。この年齢の基準は「60歳の壁」と言われ、60歳以上の方には譲渡しないという基準です。

団体によっては、その基準を65歳や70歳にしているところもありますが、多くの団体では60歳を基準にしているようです。

これは、里親が病気などで、面倒をみられなくなる可能性があるということが最大の理由ですが、超高齢化社会に突入している日本において、年齢だけで判断してしまうと、里親の数も少なくなり、救える命も救えなくなります。

さらに高齢者がペットと生活することは、健康的によい効果を得られるので、どうにか緩和しないといけない壁だと感じています。

重要なことは年齢ではなく、きちんと飼い主としての責任を果たすための事前準備ができているかどうかだと思いますので、事前準備が整っている高齢者の方には、年齢関係なく、積極的に譲渡してほしいと思っています。それが新しい動物保護の形になるのではないでしょうか。

Column

ペットに洋服って必要なの？

ペットショップに行くと、小さくてかわいらしいペット用の洋服がたくさん並んでいますよね。ネット通販でもいろいろなペット用ウェアが紹介されていて、見るだけでも癒されます。

公園でかわいい洋服を着て散歩しているわんちゃんを見ると、「うちの子にも着せたい！」と思うのではないでしょうか。

たしかに、一緒に生活をしているうちの子がかわいい服を着て遊んでいる姿を見ると、飼い主としてはキュンとするかもしれませんが、果たしてペット自身はどう思っているのでしょうか？

そもそもペットは、洋服を着ることにストレスを感じています。いぬやねこには、人間のように皮膚に汗腺がないので、汗をかきません。そのかわりに口を開けて「ハァハァ」と呼吸をしたり、体をなめて、水分が蒸発するときに起こる気化熱を利用したりして、体温の調節をしています。

特に暑い日に通気性の悪い洋服を着せていると、体内に熱がこもってしまい熱中症になる確率が上がります。最悪の場合は、命を落とす危険もあります。

このような最悪な事態を招かないように、「何がペットにとって快適なのか」

Column

という視点を飼い主として持つ必要があるのではないでしょうか。

しかし、一概にペットに洋服を着せることが悪いとは言いません。最近ではペットのストレスを考慮した高機能なペットウェアや、獣医師と共同開発したペットウェアなどもあります。

暑さに弱い子には体に熱がこもらないようにする服を着せたり、寒さに弱い子には防寒服を着せたりすることは、ペットにとっては快適かもしれませんね。

しかし、機能性が低いかもしれないけれど、どうしてもかわいい服を着せて一緒に記念撮影をしたいと思うかもしれません。そのときは、洋服を着せる時間をなるべく短時間に抑えて、ペットにストレスを与えないようにしましょう。

6章

「この子をひとりにしない」

――もしものときの備えをする

自分にもしものことがあったとき、ペットをどうするか考えていますか

▼ペットの社会問題の今

長く問題視されていた、いぬとねこの殺処分問題。最近は動物愛護活動が盛んになったことで、殺処分の数も年々減ってきています。環境省の発表によると、平成29年度の殺処分数は4万3216頭に対して、令和4年度の殺処分の数は1万1906頭。約72％減という素晴らしい結果となっています。

一方、殺処分が劇的な改善をしているなかで浮き彫りになってきたのが、飼育放棄問題です。**面倒をみられなくなったペットを、愛護センターに持ち込むケース**が後を絶ちません。環境省の発表によると、平成29年度において、保健所に飼い主から持ち込まれた数は1万5261頭。それに対して、令和4年度では1万2135頭で、数字としては約20％減となっていますが、殺処分の数字ほど劇的に改善されていません。

それでは、なぜ飼い主からの持ち込みの数が殺処分のように劇的に改善されないのでしょうか。それは、**飼い主の死亡または入院が一番多い要因**だからです。

昔と違い、ペットの飼育環境もよくなり、ペットたちの寿命が延びています。フードの高品質化や獣医療の発展、そして飼い主の意識の向上がその理由です。そこで、ひと昔前の感覚ではペットを看

取れるはずだったのに、飼い主のほうが先に亡くなるケースが増えているのです。

このような状況において、自分自身にどんなことがあったとしても、**遺されたペットたちを引き続き健やかに、その一生を全うさせることが飼い主としての最低限の責任**になってきています。

▼ペットの命への責任を全うする

その責任を放棄して、もし自分に何かあっても、「誰か」が保護してくれるだろうという考えで、ペットと暮らしている方がいます。では、その**「誰か」とは誰ですか？**　もしかして動物愛護活動をしているボランティアさんをイメージしていませんか？　それは、**「善意の搾取」**と言わざるを得ません。

自分の判断で迎えた「命」の責任は、自分で取るしかないと思います。逆に言うと、きちんと事前対策をしていれば、いつまでもペットと楽しい人生を送ることができるということです。

大阪府　チュン

いぬやねこなどのペットは相続財産の対象となる？

▼相続のその先を考える

ペットは、**法律のうえでは「動産」**なので、相続財産として扱われます。みなさんもご存じの通り、相続財産には「プラスとマイナスの財産」があります。一般的にペットを評価する際は「評価ゼロ」として扱われます。世界的に稀な犬種や猫種で市場で高額で取引されているとか、世界的に有名なチャンピオン犬（猫）で繁殖の価値が高いとなれば、「プラスの財産」として評価する必要が出てくると思われますが、一般的に多くのペットは「評価ゼロ」として扱われます。

ここで問題になるのが、**ペットをスムーズに遺産分割できるのか？** という点です。被相続人と相続人が同居している場合は比較的スムーズに進むと思いますが、そうでない場合はどうでしょうか？

飼育環境、住宅環境、動物アレルギー、そして飼育費など、さまざまな問題が出てきます。

相続財産というのは、もし「マイナスの財産」だけが遺された場合、相続人は**相続を放棄することができる**ようになっています。

それでは、遺言書で「ペットの引き渡し先」を明記していたにもかかわらず、相続放棄となった場合、行き場がないペットはどうなるのでしょうか？　この場合、大半は保健所へ収容されることになります。その後、民間の動物愛護団体や里親ボランティアが譲渡先（里親）を探す協力をしてくれますが、譲渡先が見つからない場合は、保健所にて殺処分されてしまいます。

また、遺言書通りに「ペットの引き渡し先」がペットを相続したとしても、そこにペットに対する愛情がなければ、そのペットを保健所に持ち込んでしまうケースも少なくありません。まさにこれが、遺言書の落とし穴です。

このように、ご自身が大切に育てたペットが、最悪の末路を辿らないように、遺言書だけではなく、さまざまな対策を検討することは、飼い主として大きな責任なのかもしれませんね。

ペットのお世話をお願いできる家族・知人はいる？

ひとり暮らしでペットを飼っている方には、さまざまな不安があると思いますが、特に不安なのは、**「もし自分が突然入院してしまったら……」**という点ではないでしょうか？　飼い主が入院することとは、ペットからすると死活問題です。

いくら自分が健康だと自認していたとしても、年齢を重ねるごとに、健康面で気になることが出てくるでしょうし、いつ事故に遭うかわかりません。そのような事態になってから、ペットのお世話をしてくれる人を探してもなかなか見つけることはできません。ここでも事前に準備しておくことが大切です。

それでは、具体的にどのような準備をしたらよいでしょうか？

【準備その①家族に頼んでおく】

ペットを一時的に預かってもらえるように、**家族に相談**してください。その際に注意していただきたいことは、家族の環境です。ペット可の住宅か、動物アレルギーはないのか、などなど。いくら家族とは言え、受け入れる側にも事情があるので、無理強いはできません。

もし近所に家族が住んでいるならば、ペットを預けるよりも、**家族に家の鍵を渡しておいて、ペットのお世話をするときだけ訪問してもらう**ほうがいいかもしれませんね。いずれにしても、事前に家族とコミュニケーションを図って、緊急事態に備えましょう。

【準備その②わん友・にゃん友に相談】

家族が遠方に住んでいる場合は、ペットのお世話をお願いできないと思います。その場合は、近所の**わん友やにゃん友にお願い**することも考えましょう。きっと困ったときはお互い様ということで、快く引き受けてくれると思います。そのためにも日頃からわん友・にゃん友との信頼関係が重要になりますので、積極的にコミュニケーションを図りましょう。

【準備その③プロに頼む】

家族もダメ、わん友・にゃん友もダメな場合は、**ペットホテルやペットシッター**を活用しましょう。もちろんお金はかかりますが、相手はプロなので、預け先としては一番安心かもしれません。サービス内容や料金など、事前にしっかり調べておき、できれば事前に何度か試しておくと、より安心かもしれませんね。

福岡県　くう＆タカ

老犬・老猫施設をご存じですか？

ペットフードの高品質化や獣医療の発展に伴い、ペットたちの寿命が延びています。そこで新たなニーズに応えるサービスが老犬・老猫施設です。

この施設はペットホテルのような一時預かりではなく、**高齢になったいぬやねこをお世話する、人間社会の老人ホームのような施設**です。この施設に預けられている子は、飼い主が高齢で面倒をみることができなくなった子や、ペット自体が認知症を発症してしまい、夜泣きを頻繁にするようになった子、そして寝たきりになってしまい、飼い主ではお世話ができないような重度の介護状態になった子などさまざまです。

そのため、老犬・老猫施設で働いている方は、3交代制で預かったペットたちを親身になってお世話してくれています。

これからもペットの寿命が延び、ペットの介護問題が増えてくると、こういった施設のニーズがますます高まってくるでしょう。

しかし同時に、**悪質な業者も出てくるのではないかと危惧されています。**

老犬・老猫施設として営業をしているが、実際はペットの介護経験がない人が従事していたり、マンションの一室で何段にも重ねた狭いペットケージのなかで給餌と排泄の処理しかしない施設だったりと、動物福祉の観点からも非常に問題がある業者が実際に存在します。

▼預けて安心な施設を調べておく

もし施設に預けることになったとしても、このような悪質な業者にわが子の最期を託すことがないよう、最期まで愛情を込めてお世話をしていただける施設にお願いしたいものです。

そのためにも、どこにお願いするか決めるには、実際に足を運び、その施設の飼育環境や施設の従業員の経験、そしてその施設の飼育ポリシーを事前に調べておくことが必要です。

自分に「もしも」があった際に備えるさまざまなサービス

ペットを迎えることを検討しはじめると同時に考えないといけないことは、**「15年後の自分自身」**です。ペットを迎えるときは、気力、体力ともに充実しているかもしれませんが、15年後となると、さすがに同じ状況・体力ではないと思います。

うちの子の命を守れるのは飼い主だけです。なかには、「そんな先のことを今考える必要ない」と思われる方もいるかもしれません。しかしそれは大間違いです。大切な「命」を預かっている以上、将来を考えるのは、最低限の責任ではないでしょうか。

今の時代、**いぬは18歳以上、ねこは20歳以上も長生きする子は珍しくありません。**15年後、さらには20年後に向けて、どのような対策があるのか知って準備する必要がありますよね。

次項から、どのような事前対策があるのかご紹介していきますので、ペットとずっとしあわせに暮らせるよう準備していきましょう。

福岡県　そら

ペットに関する信託契約を活用する

「信託」という言葉を聞くと、何となくお金持ちの人がやっている財産管理だと思う方も多いと思いますが、実はそうではありません。「信託」とは、読んで字のごとく、「信じて託す行為」です。要するに、**自分が信用できる人に、自分の大切な財産の管理をお願いする行為**なので、誰でも活用することができます。

もちろん、**ペットも大切な財産なので、「信託」を活用することができる**のです。

▼ペットに関する信託の仕組み

それでは、ペットに関する信託契約について説明していきます。

ペットに関する信託契約には3人の登場人物がいます。

まず**ひとり目が委託者**です。委託者はペットの飼い主になります。

そして**2人目が受託者**です。受託者は飼い主から預かった将来必要になるペットの飼育費を管理してくれる人になります。

最後の**3人目は受益者**です。受益者は飼い主がペットの面倒をみられなくなったり、亡くなったりした際にペットの飼育をしてくれる人になります。そして委託者（飼い主）が事前に準備したペットの飼育費を受託者を介して受け取る人にもなります。

具体的には、里親とか老犬・老猫施設

とか保護犬・保護猫施設などが受益者になります。

さらに、受託者がきちんと財産管理をしているか、受益者がきちんとペットのお世話をしているのかを監視する**「信託監督人」**を配置することも可能です。信託監督人は、弁護士や司法書士、そして行政書士などの士業の方が担当しますが、彼らの監督報酬も、委託者である飼い主が事前に用意する必要があります。

全体的な仕組みの概要は左ページの図を見てください。とてもシンプルで、よくできた仕組みだと思います。

しかし、実際にこの契約を締結されている方は少ないと言われていています。一体なぜでしょうか？

さまざまな要因があると思いますが、一番の要因は、**委託者（飼い主）が事前に用意をしなくてはいけない金額が高額である**という点があげられると思います。

例えば、60歳の飼い主が3歳の小型犬と生活していたとします。この飼い主がペットに関する信託契約をする場合、飼い主が用意すべき将来のペットの飼育費を月額1万5０００円として計算したら、いくらになるでしょうか。計算してみましょう。飼っている小型犬の余命が15年だと仮定し、将来のペットの飼育費は、

1・5万円×12ケ月×15年＝２７０万円となります。

さらに信託監督人を配置する場合、監督報酬も準備しないといけません。その監督報酬が月額1万5０００円と想定すると、1・5万円×12ケ月×15年＝２７

0万円になります。合計540万円を一括で、受託者が管理する口座に振り込む必要があるのです。

いかがでしょうか？　いくら子どものようにかわいがっている大切な子だからと言って、このような高額なお金を一括で準備することはできるでしょうか？

さらに、実際に契約する際は、あらゆる事態に備えてさまざまな対策を盛り込む必要が出てきますので、複雑な契約になっています。

もしペットに関する信託契約をご検討される場合は、専門家の方とじっくり話をして実行するかどうか検討することをおすすめします。

●民事信託におけるペットに関する信託の仕組み

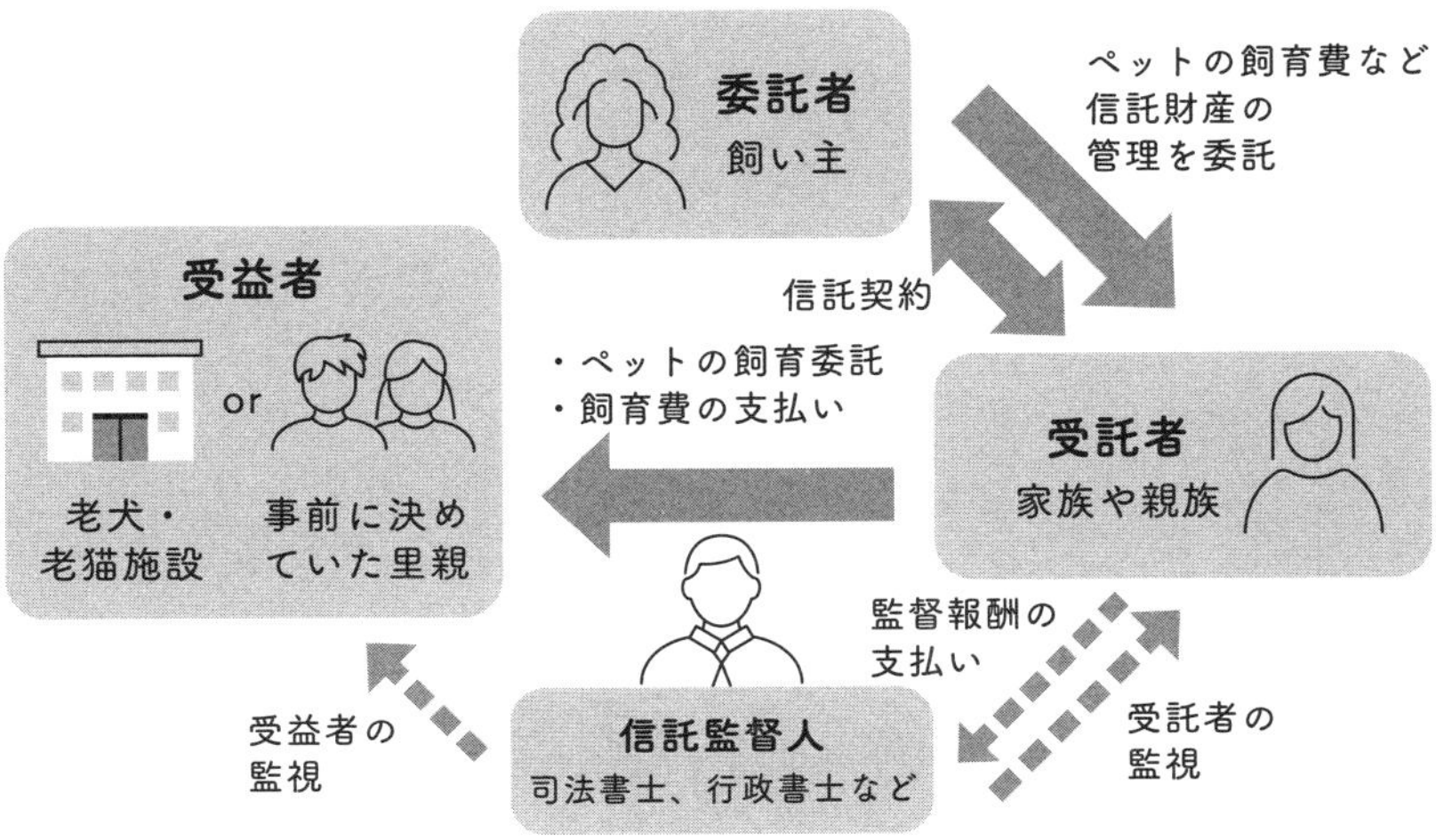

信託銀行や信託会社を活用する場合

信託銀行や信託会社を活用する信託は、前項で解説した「ペットに関する信託契約」の仕組みと基本的には同じですが、実は抜本的に違う点があります。

それは、ペットに関する信託契約は「民事信託」に属し、信託銀行や信託会社を活用する場合は「商事信託」に属するということです。

この「民事信託」と「商事信託」の違いは、民事信託においての受託者（財産を管理する人）は信頼できる家族や親族に設定されるのに対し、**商事信託においての受託者は、信託銀行や信託会社など監督官庁から免許・認可をもらった法人**が設定されるという点です。

さらに民事信託においての受託者は基本的に非営利で引き受けますが、商事信託においての受託者は営利法人ですので、手数料が必要になってきます。法人として財産を管理してくれるという点では、安心して任せることができるかもしれませんね。

▼サービスの種類はたくさん

それでは、信託銀行や信託会社を活用した信託契約について説明しましょう。

最近のペットブームに乗じて、各社が趣向を凝らしたさまざまなサービスを提供しています。基本的には、ペットに関する信託契約と同じように、飼い主が委託者になり、信託銀行や信託会社が受託者（財産の管理及び信託契約の実行）、そして受益者が里親や老犬・老猫施設等になります。ここで気になるのが、飼い主は受託者である信託銀行や信託会社にいくら預ければいいのかという点です。

この金額は各社それぞれで違ってきます。ある会社は、会員制度を利用し、入会金と年会費を徴収し、加えて将来のペットの飼育費として150万円程度を信託会社に預けるシステムを提供しています。ほかにもペットの健康状態を獣医師に診察してもらい、その診断書をもとにペットの余命を算出して、その余命分の飼育費を信託会社に預けるシステムもあります。さらには、飼い主の資産（不動産・有価証券・現金など）を信託財産として設定して、そのなかにペットを盛り込むサービスを提供している信託銀行など、さまざまな商品があります。

▼必ず確認すること

ここでもう一度、考えてみましょう。一番重要なことは、**飼い主に「もしも」が起きたときにペットを「誰が」保護して、「誰が」面倒をみるのかということ**です。その部分を明示していなかったり、曖昧になっていたりする場合があるので、慎重に吟味する必要があるでしょう。準備する資金も大切ですが、ペットの行く先、将来についてが最も大切ですからね。

ペット保険の特約を活用する場合

ペットブームに伴い、**ペット保険**を取り扱う保険会社の数がとても多くなってきました。保障内容や保険料も各社特色を出しながら、飼い主のニーズに応えています。

そのなかで、最近リリースされたサービスが、**「飼育費用補償サービス」**です。このサービスは飼い主の死亡もしくは高度障害になった際に、第一種動物取扱業として登録している有料の老犬・老猫施設へ預ける費用や、第二種動物取扱業として登録しているいぬ・ねこ保護譲渡団体への譲り渡し費用などを補償するサービスです。補償費用に関しては上限がありますが、飼い主にとっては安心材料のひとつになると思います。

基本的には、飼い主や飼い主の家族が指定した代理人がその費用を**いったん負担し、その後負担した費用を保険会社へ請求する**流れになります。

▼保険では費用が足りない場合もある

ここで考えておかないといけないのは、有料の老犬・老猫施設に預ける場合です。実はこの飼育費用の補償額の上限額では、遺されたペットの**終生飼養費を全額賄うことができない場合**が多いです。

それでは、不足分は誰が負担するのでしょうか？　それは飼い主の家族や飼い主が指定した代理人が負担しなければなりません。遺されたペットが高齢であれば、余命も短いこともあり、自己負担額も少額で済むかもしれませんが、遺されたペットがまだ若い場合は、相当額の負担を強いられることになるので、ご家族や飼い主が指定した代理人を悩ませることになります。

　このような事態にならないように、事前に預けたい老犬・老猫施設の料金形態を調べておき、不足金に関しては別の形で用意する必要があるでしょう。

福岡県　こはく

生命保険や遺言書を活用する場合——「ラブポチ信託®」

飼い主が一番不安に思うことは、自分亡き後のペットの行き先でしょう。逆に言うと、自分がいなくなった後のペットの飼育費と終の棲家が準備できていたら、**もっと安心したペットライフ**になるということです。

まさに、この不安を解決することができるかもしれない仕組みが、著者が運営している認定NPO法人ピーサポネットが提供している「ラブポチ信託®」です。

「ラブポチ信託®」は2019年8月から本格的にスタートしたサービスです。それでは、「ラブポチ信託®」がどのようなサービスか説明していきましょう。

「ラブポチ信託®」は、飼い主が生命保険に加入し、その後信託会社もしくは信託銀行と信託契約を結びます。この信託契約は、**飼い主他界後、飼い主の死亡保険金をペットの飼育費として「認定NPO法人ピーサポネット」に交付するという内容**になります。

さらに、飼い主は同法人とペットを対象にした「死因贈与契約書」を交わします。なぜ「死因贈与契約書」を交わす必要があるのかというと、**ペットは動産であり、相続財産**にあたるからです。もしこの契約を交わさず飼い主が他界してしまうと、ペットの所有権は飼い主の法定相続人になり、飼い主の願いとは違う方向に進んでしまうかもしれません。

そこで、死因贈与契約書を交わし、飼い主が他界した後、速やかに同法人に**ペットの所有権を移転**することによって、ペットの将来を守ることができるのです。

このすべての契約を交わすことによって、飼い主の他界後に飼い主の死亡保険金が信託会社もしくは信託会社を介して、ペットの飼育費として認定NPO法人ピーサポネットに渡り、飼い主と同法人が交わした「死因贈与契約書」により、ペットの所有権が同法人に移り、同法人が新たな飼い主になることになります。

さらに、ペットは認定NPO法人ピーサポネットが厳選した全国の老犬・老猫施設に移住し、その施設でかかるさまざまな費用を、飼い主からお預かりした生命保険金で同法人が飼い主の代わりに一生涯支払っていきます。この仕組みによって、遺されたペットは安心して残りの犬生、猫生を全うすることができるのです。

また、飼い主のなかには、持病や年齢の関係で生命保険に加入できない方がいます。その際には、認定NPO法人ピーサポネットが士業の専門家を派遣し、**遺言書（負担付遺贈）作成**のお手伝いをします。

そのほかにも、終末期医療のための入院や介護施設に入居した際のペットの受け入れサポート、ひとり暮らしの方向けの安否確認サービス（有料）、ペットの死後の整理についてなど、すべてサービスのなかに盛り込まれています。

この「ラブポチ信託®」を取り扱うことができるのは、**「ペット相続士®」**という認定資格を有しているペット相続の専門家のみなので、安心して相談できるのではないでしょうか。

次の項目から、「ラブポチ信託®」を実際に活用した飼い主の事例をご紹介しましょう。

●「ラブポチ信託®」（生命保険を活用）の仕組み

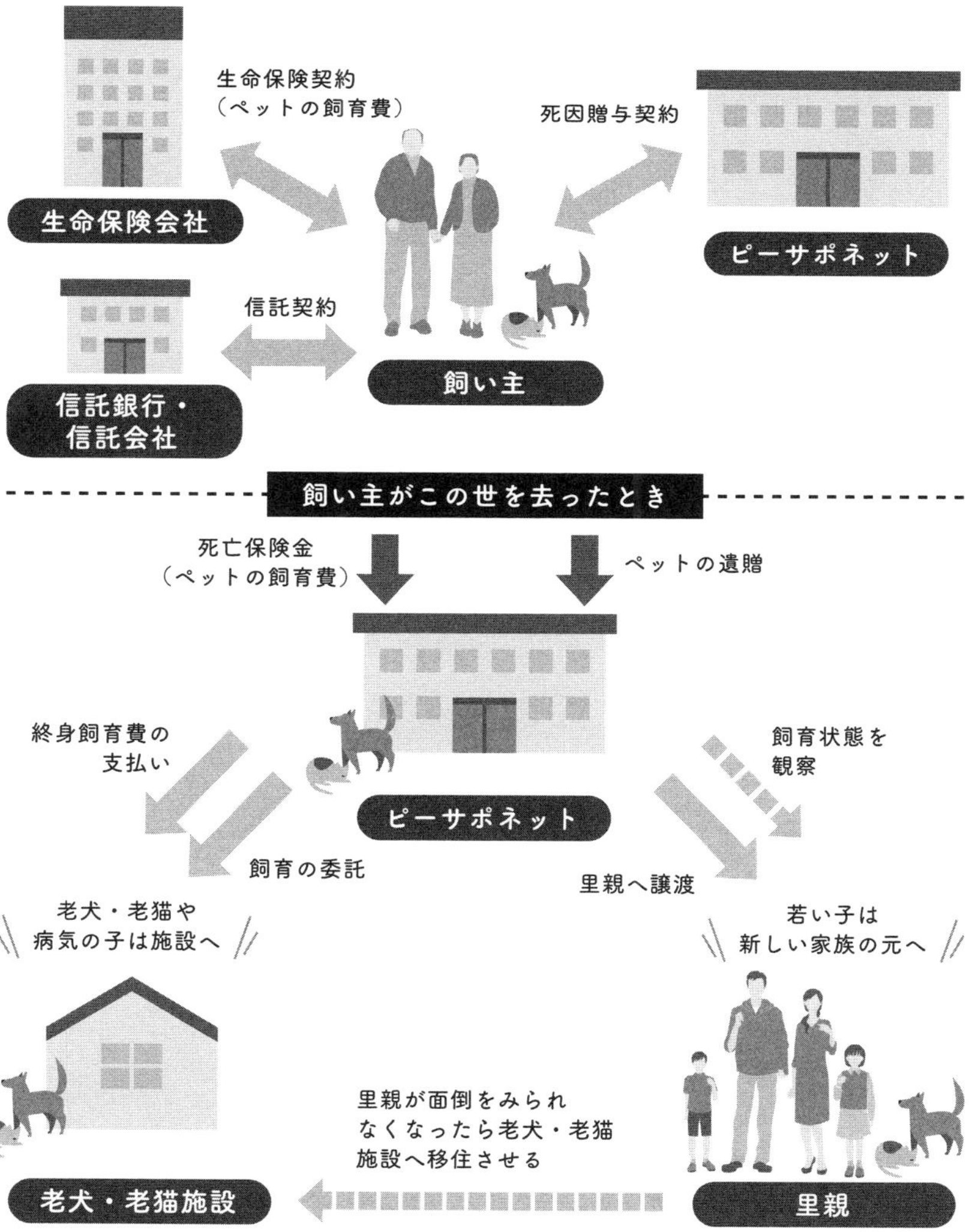
生命保険契約
（ペットの飼育費）
死因贈与契約
生命保険会社
ピーサポネット
信託契約
飼い主
信託銀行・
信託会社
飼い主がこの世を去ったとき
死亡保険金
（ペットの飼育費）
ペットの遺贈
終身飼育費の
支払い
飼育状態を
観察
ピーサポネット
飼育の委託
里親へ譲渡
老犬・老猫や
病気の子は施設へ
若い子は
新しい家族の元へ
里親が面倒をみられ
なくなったら老犬・老猫
施設へ移住させる
老犬・老猫施設
里親

●「ラブポチ信託®」（遺言書を活用）の仕組み

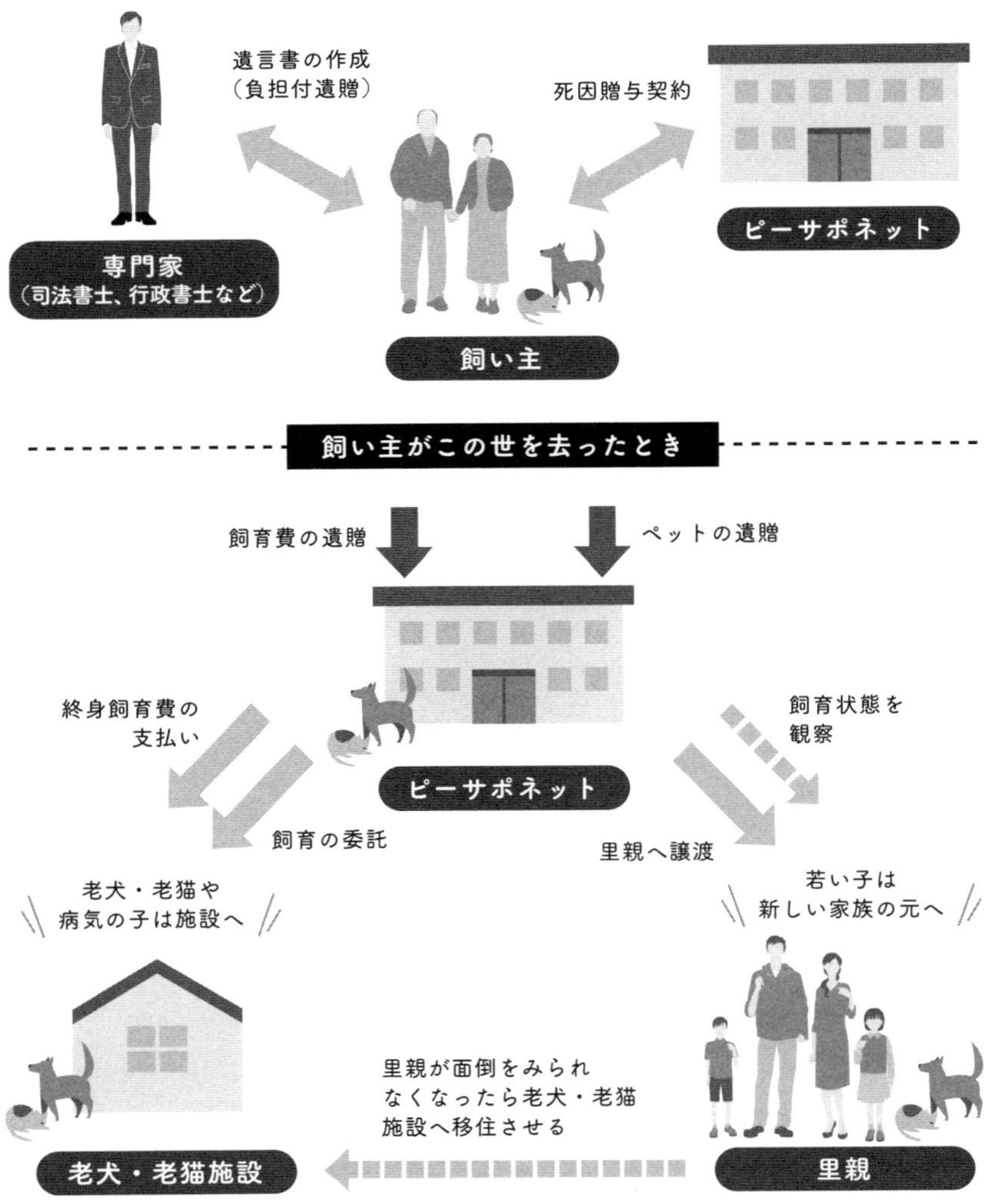
遺言書の作成
（負担付遺贈）
死因贈与契約
専門家
（司法書士、行政書士など）
ピーサポネット
飼い主
飼い主がこの世を去ったとき
飼育費の遺贈
ペットの遺贈
終身飼育費の
支払い
飼育状態を
観察
ピーサポネット
飼育の委託
里親へ譲渡
老犬・老猫や
病気の子は施設へ
若い子は
新しい家族の元へ
里親が面倒をみられ
なくなったら老犬・老猫
施設へ移住させる
老犬・老猫施設
里親

ケース1：保護猫を迎え入れる前に事前準備を検討した奥様（T・Mさん57歳）

子どもも巣立ち、夫婦だけの生活のなかで、奥様がどうしてもねこと暮らしたいということで、夫婦で話し合われていました。ご主人は、ペットは大切な命だから、もし自分たちに何があっても、迎えたねこが殺処分されないように事前対策を講じることを条件にねこを家族として迎えることを承諾されました。

しかし、ペットに関する終活情報をネットや書籍で調べたそうですが、どれも具体的な対策が記載されておらず苦戦していたそうです。

そんななか、住んでいる市が運営している動物愛護センターに相談したところ、「ラブポチ信託®」を紹介され、すぐにホームページで「ラブポチ信託®」の内容を確認しました。仕組みはとてもシンプルで理解しやすかったのですが、もっと細かいところを聞くために、認定NPO法人ピーサポネットへ連絡し、「ラブポチ信託®」の詳細について聞いてみました。

すると、自分が亡くなった後だけではなく、**入院したときや、もし認知症などになってねこのお世話ができなくなった**

場合のことも想定しているサービスだということを理解しました。Tさんは「こしかない！」と思って、「ラブポチ信託®」の契約を決められました。

今では無事に生後3ケ月のこねこを家族として迎えて、楽しいペットライフを送られています。ご主人も、自分の娘のようにかわいがり、デレデレ状態のようです。

▼ケースのポイント

このケースのポイントは、奥様がご加入された保険の種類が**「解約返戻金がある終身保険」**なので、奥様が無事にねこを看取った後、次の子を迎えないと決めた場合は、この保険を解約して、保険の解約返戻金を自分たちの老後資金として活用できることです。

さらに、ご主人より先に奥様がねこを遺して他界された場合は、引き続きねこはご主人と一緒に生活することができます。そしてご主人が面倒をみられなくなってから老猫施設に預けることも可能になります。さらに、ご主人がねこを看取り、また次の子を迎えたいとご希望された場合も安心して次の子を迎えることもできます。

ケース2：愛猫家の独身女性の備え（O・Mさん53歳）

子どものときからねことの生活が当たり前で、ねこたちのいない生活は考えられないとおっしゃる愛猫家のOさん。独身ひとり暮らしで、年齢を重ねるごとに、「もし自分に万が一のことがあったらどうしよう」と、ふと考えることが多くなり、何かしらの対策をしないといけないと思われていたそうです。そこで知り合いから「ラブポチ信託®」を紹介され、認定NPO法人ピーサポネットに問い合わせをしました。

実は以前、別の団体からペットに関する信託契約について、いろいろと話を聞かれたそうですが、準備する資金がとても高額で、「いくら何でもそんなお金は用意できない！」と思って、ペットの信託契約をあきらめていたそうです。そこで「ラブポチ信託®」なら飼い主の生命保険を活用し、**リーズナブルな金額で設定できそうだった**ので、詳しく聞いてみようと思いました。

「ラブポチ信託®」の詳細について、いろいろと聞いていくと、細部にわたってさまざまな対策が用意されているにもかかわらず、ねこのためにじゅうぶんな飼育費をリーズナブルな保険料で準備できるという点がとても気に入り、契約を決意しました。

「自分にどんなことが起きてもねこたちの一生を守ることができるので、安心してにゃんこライフを満喫することができる」と言っています。

▼ケースのポイント

Oさんの想いとして、今飼っているねこを看取った後は、新しい子を迎えないと心に決めていたので、今いるねこの余命分の期間だけ生命保険をかければいいので、保険料が安い定期保険（かけ捨て）で対策できたことです。飼い主の想いに合わせてさまざまなプランを活用できます。

ケース3：遺言書を活用してさみしい思いはさせない（N・Mさん64歳）

若い頃からずっとねこと生活をされてきた独身女性のNさん。いつもそばには当たり前のようにねこがおり、楽しいにゃんこライフを満喫されていました。無事に定年退職を迎え、今まで以上にねこたちとの生活を楽しもうと思っていた矢先に、突如激しい頭痛に襲われ、救急車で運ばれたそうです。精密検査をしたところ、脳梗塞と診断され、緊急手術をされました。一命は取り留めたものの、右半身に後遺症が残る状態でした。

リハビリを続け、何とかご自身で生活できるようになりましたが、とてもつらい毎日だったそうです。今までできていたことができない、何をするにしても時間がかかる本当にストレスが多い毎日。それを**乗り越えることができたのは、一緒に生活をしていた2匹のねこたちのおかげ**だったそうです。「落ち込んでいると、ねこたちがすり寄ってきて励ましてくれました。だから、もし自分に万が一のことがあったとしても、この子たちの命を守らないといけない」と決意しました。

年齢的にも終活を考えていたときで、

ねこのことも含めた終活をはじめますが、人間の終活はたくさん情報もサービスもあるのに、ペットに関する終活の具体策がなかなか見つからず悩んでいたところ、「ラブポチ信託®」が紹介された新聞記事を見て、問い合わせをしたそうです。

本来であれば、飼い主が生命保険に加入するほうが、飼い主の経済的負担が低いのですが、**病気の問題で生命保険に加入することができなかったので、遺言書（負担付遺贈）を作成**しました。

無事にご自身の終活と愛猫の終活を終わらせた今では、不安が吹き飛び、今まで以上にねこたちとの生活を楽しまれているようです。

▼ケースのポイント

ポイントは、飼い主が生命保険に加入できなくても、遺言書で対策ができるという点です。遺言書の内容としては、飼い主がねこたちを遺して亡くなった場合は、遺されたねこたちと一緒に、**ねこたちの余命分の飼育費相当額を認定NPO法人に遺贈するという「負担付遺贈」の遺言書**です。遺言書で対策することで、遺言書の作成費用はかかりますが、「ペットに関する信託契約」のように事前に多額の現金を準備する必要がなく、飼い主の負担は低くなります。

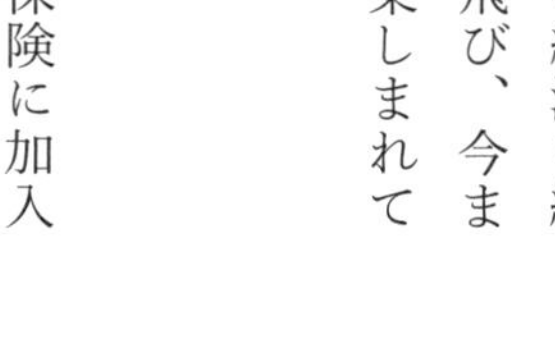

ケース4：ひとり暮らし男性。庭に迷い込んだねこを保護（O・Hさん56歳）

もともとは根っからの愛犬家で若い頃からずっといぬと生活をしていました。しかし、数年前に愛犬を亡くし、自分の年齢を考えると新しい家族を迎えることはできないと思い、いぬとの生活をあきらめていたそうです。それでもさみしいなと思っていた矢先、庭から「ニャ〜ニャ〜」と、かぼそい声が聞こえたのでのぞいてみると、こねこが家のほうを見ながらないていたそうです。さすがにそのまま放置することができず、「とりあえず保護して、里親を見つけるか」と思い、その子を家のなかに入れ保護しました。

そして次の日。また庭から「ニャ〜ニャ〜」と、かぼそい声が聞こえてきたのです。庭を見てみると、またもやこねこがこちらを見ながらさみしそうな声でないていたそうです。そこでOさんは、「昨日保護した子の兄弟なのかな」と思い、その子も保護しました。

それからその兄弟との生活がはじまりました。当初は里親が見つかるまでの予定でしたが、時間が経つと、どんどんかわいくなってきて、最終的には一緒に生活することを決心したそうです。

しかし、ひとり暮らしなので、自分に

万が一のことがあったらと考えると、この子たちとの生活に不安を感じてきました。そんな不安な毎日を過ごしていたある日、夕方の情報番組で「ラブポチ信託®」が紹介されているのを見て、「これだ！」と思いすぐに問い合わせをし、ご契約されました。

もともといぬ派だったOさんも、今では根っからのねこ派に転身して、これこたちとの生活を満喫しています。

▼ケースのポイント

今回の対策のポイントは、自分の年齢により**ペットを飼うことを一度はあきらめた方でも、ちゃんと対策を講じることで、安心してペットを迎えることができる**ということです。

ケース5：仕事で大型車を運転するので不安な愛犬家（Y・Sさん48歳）

3歳の小型犬と生活をしている独身女性で、仕事はトラック運転手のYさん。長距離の運転ではないですが、毎日大型車を運転するので、もし交通事故に遭った場合や、自分に万が一のことがあった場合に、今飼っているわんちゃんの行く末を心配していました。

家族は高齢の両親のみで、兄弟もおらず、今自分に何かあったとしても、**高齢の両親にはいぬを預けることはできない**と考えていたそうです。

仕事が休みの日、ペットの終活について調べていたときに「ラブポチ信託®」を知りました。私がYさんのお話をいろいろとうかがってみると、自分にもしものことがあったときの不安はもちろんのこと、それ以上に今飼っている子を看取った後に迎える子のことを心配されていました。

今飼っている子を看取った際の自分の年齢を考えると、60歳ぐらいになっていて、それから新しい子を迎えるのは非常に悩むだろうし、迎えない選択をした場合は、いぬがそばにいない生活はさみしすぎるということでした。

そこで、今のうちから将来の子のこと

を想定して準備をしていれば、安心して次の子を迎えることができることをお伝えすると、とても喜ばれて、「ラブポチ信託®」の契約へと進みました。

▼ケースのポイント

ここでのポイントは、**今飼っている子の対策だけではなく、将来迎える子のためにも準備された**ことです。この場合、加入する**生命保険の保障期間が長く**なります。基本的には終身保険をおすすめしていますが、終身保険の場合、保険料が高くなってしまいますので、なるべく保険料を安く設定するために、長期の定期保険（かけ捨て）も提案しています。

ケース6：50代愛猫家ご夫婦（Eさんご夫婦共に53歳）

ご夫婦には子どもがおらず、奥様が独身のときからかわいがっていたねこを夫婦で育てていました。ご主人は、もともとはねこ派というよりいぬ派だったらしいのですが、ねこ独特のマイペースな性格にふれ、今では根っからのねこ派に転身したそうです。

ご夫婦はどちらも50代ということもあり、自分たちのセカンドライフを含めた終活について、いろいろと検討されていました。もちろんその検討のなかにはねことの生活は外すことはできません。

終活というものは、自分亡き後、遺された家族が困らないようにする活動なので、その家族には「ねこ」も含まれています。そこで、さまざまな終活セミナーに参加したり、終活に関する書籍でいろいろ調べられたりしたそうですが、どのセミナーに参加しても、どの書籍を読んでも、ねこに関する具体的な対策が出てこなかったそうです。そこで、ネットでねこの終活について検索していた際に「ラブポチ信託®」を知り、契約に至りました。

おふたりはこれから先のセカンドライ

フのなかに、ねことも楽しく生活できる「安心感」を手に入れたことによって、これまで以上に楽しく生活できることでしょう。

▼ケースのポイント

生命保険の場合、男性よりも女性のほうが保険料が安いので、奥様が生命保険の契約者になりました。もし、ご主人よりも奥様のほうが、先に亡くなったとしても、ねこの将来の飼育費は準備されていますので、ねこ派になったご主人はずっとねこと生活することができます。

Column

必ず訪れる最期の瞬間
――ペットロス問題

現代社会においてペットの存在は「家族」になっています。その家族とたくさんの思い出をつくりながら、人生を一緒に歩んで行くのですが、どうしても避けては通れない現実がやってきます。それは、家族との別れです。

家族との別れは、とてもつらいものです。特に自分の子どものように、たくさんの愛情を注いで一緒に生活してきた家族との別れは、想像を超えるほど、つらいものでしょう。

飼い主のなかには、無気力・虚脱感・疲労感・めまいといった症状が出る方、そしてひどくなると、幻覚、幻聴、頭痛、発熱などを訴える方もいるほどです。この症状こそが「ペットロス」です。

もしこのような症状が出て、心療内科の病院に行くと、何かしらの診断名がつくかもしれません。それほど「ペットロス」は現代病のひとつとして真剣に向き合わないといけないものになりました。

普通に考えると、飼い主に比べてペットの寿命は短いので、別れの場面には必ず立ち会うことになります。つまり、ペットを家族として迎えたそのときから、その子たちを看取る覚悟が必要だということです。

Column

しかし、いくら覚悟をしていたとしても、やはり家族との別れはとてもつらく、激しいペットロスに陥ることはあります。このような症状を抑える対処方法のひとつとして、「新しい家族」を迎えることと言われています。

さらには、今飼っている子が最期を迎えるであろう2～3年前から新しい家族を迎えることによって、激しいペットロスを緩和させることができるとも言われています。

もちろん先住のいぬ・ねことの別れは、とても悲しく、さみしいのですが、新しい家族がその気持ちを和らげてくれると言われているのです。

高齢になって、激しいペットロスを味わい、なかには生きる気力がなくなってしまい、どんどん弱っていく方もいます。

そのような悲しい人生にならないように、自分の「ペットロス対策」を考えながら、事前に対策を講じることが、ペットライフを充実させ、QOL（人生の質）を高めることにつながるかもしれませんね。

Column

「ワンヘルス（One Health）」をご存じですか？

みなさんは、「ワンヘルス（One Health）」という言葉を聞いたことはあるでしょうか？

「ワンヘルス（One Health）」とは、「人の健康、動物の健康、環境保全は、ひとつである」という考えのもと、人と動物、そしてそれらを取り巻く環境が直面しているさまざまな課題に対して、医師や獣医師、研究者だけではなく、行政や企業、市民も一緒になって解決していこうという社会活動です。

実はこの「ワンヘルス（One Health）」は1860年代に細胞病理学者でもあるドイツのフィルフョウ医師が提唱したことからはじまった理念で、非常に歴史のある考え方なのです。

「ワンヘルス（One Health）」のさまざまな課題に対する取り組みとして、①人と動物の共通感染症対策、②薬剤耐性菌対策、③環境保護、④人と動物との共生社会づくり、⑤健康づくり、⑥環境と人と動物のよりよき関係づくりが、あげられています。

規模が大きすぎて、理解しづらいかもしれませんが、実は私たちの身近に「ワンヘルス（One Health）」を考えさせられる出来事が起きているのです。例えば

Column

最近、街に熊が出没するニュースを日本全国で聞きます。このニュースが流れるとSNSでは、「熊を駆除するのはかわいそうだ!」とか「熊は危険だからいち早く駆除すべきだ!」とか、いろいろな意見が飛び交いますが、実は問題はそこではないのです。

熊が一番怖い動物は人間です。

それでは、なぜその一番怖い人間がいる街中に、熊が現われないといけないのでしょうか。それは、人間が自分たちの住処を拡大するために、山を切り開き、新たな街をつくり出しているからです。建築木材もほとんどが輸入され、日本の林業は衰退し、同時に山林が荒れ放題になっています。その結果、野生動物の食料がどんどん減ってきたことが、熊の出没につながっているのです。

このように、人の問題と動物の問題、そして環境の問題はすべてつながっており、その問題を解決するには、それぞれを連携させることが重要です。それをひと言で表現しているのが「ワンヘルス(One Health)」なのです。ぜひ、みなさんも日頃から、この「ワンヘルス(One Health)」を意識してみると、違う側面が見えてくると思います。

おわりに

最後までお読みいただき、ありがとうございます。

私が生命保険会社に勤めていた10年前のことです。ある日の夕方、愛犬を散歩させているとき、高齢の方が同じようにいぬを散歩させていました。そのときに、ふと「もし、高齢の飼い主が亡くなってしまったら、遺されたこの子はどうなるの？」と思ったのです。

気になっていろいろと調べていくうちに、「いぬ・ねこの殺処分」が社会問題になっていることを知りました。

そこで、「飼い主が亡くなっても、遺されたペットのために飼育費と終の棲家を準備しておけば、この子たちは殺処分されることはないのではないか」と思いつき、

そこから「ラブポチ信託®」の構想がはじまったのです。

２０１９年８月に「ラブポチ信託®」を本格スタートさせるまで、たくさんの方のアドバイスとご協力をいただき、今の形が出来上がりました。

当時、さまざまな資料を調べ、データを分析しているうちに、私のなかでひとつの答えが出ました。

「人間は、ペットと生活したほうが幸福になれる」

もちろん世の中には、動物が苦手な方もいますが、動物が好きな方には、あきらめずに、しあわせなペットライフを手に入れてほし

いと思っています。

本書を読む前は、ペットを迎え入れることに悩まれていた方が、「きちんと対策を打てば、ペットをお迎えできる」という気持ちに変わっているならば、とてもうれしいです。

飼い主が飼い主自身の責任を全うすることによって、年齢に関係なく、人もペットもしあわせに安心できる生活を送ることができる「心豊かな社会」になることを祈りつつ、筆をおきたいと思います。

２０２４年８月

認定ＮＰＯ法人ピーサポネット　理事長

藤野善孝

著者略歴

藤野善孝（ふじの　よしたか）

認定 NPO 法人ピーサポネット 理事長
1973 年福岡県福岡市生まれ。1997 年西南学院大学商学部卒業。幼少期から「動物に関わる仕事がしたい」と思い続けながら、大学卒業後は地場最大手の印刷会社である株式会社ゼネラルアサヒへ入社。約 12 年間企画営業として邁進した後、プルデンシャル生命保険株式会社へ転職。生命保険の本来あるべき役割を学ぶと同時に、相続対策の研究に勤しむ。その際に「いぬ・ねこの殺処分問題」の存在を知り、その社会問題を抜本的に解決する施策を構想しはじめる。2017 年 11 月に NPO 法人ピーサポネットを設立し、2019 年 8 月に認定 NPO 法人となると同時に、飼い主の生命保険や遺言書を活用した全国初のペット看取りサービス「ラブポチ信託 ®」を完成させ、本格的に普及活動をはじめる。同年 10 月には、「ラブポチ信託 ®」を正しく普及させるために、ペット相続の専門資格である「ペット相続士 ®」の認定講座をスタートさせ、現在、北は北海道から南は沖縄まで約 220 名のペット相続士 ® が活躍している。

認定 NPO 法人ピーサポネット　https://p-sapo.jp/

健康寿命が延びる！　毎日がもっと楽しくなる！
安心ペットライフ

2024年 9 月 17 日初版発行

著　者 —— 藤野善孝

発行者 —— 中島豊彦

発行所 —— 同文舘出版株式会社

東京都千代田区神田神保町 1-41　〒 101-0051
電話　営業 03（3294）1801　編集 03（3294）1802
振替 00100-8-42935
https://www.dobunkan.co.jp/

ISBN978-4-495-54167-5
印刷／製本：萩原印刷
Printed in Japan 2024